南极磷虾
脂质制备与评价

NANJI LINXIA ZHIZHI ZHIBEI YU PINGJIA

孙德伟◎著

河海大学出版社
HOHAI UNIVERSITY PRESS
·南京·

内容提要

南极磷虾脂质富含 ω-3 多不饱和脂肪酸(主要是 EPA 和 DHA)、磷脂及虾青素、维生素 E 等天然抗氧化物质,具有重要的生理功能,但其高水分含量、高热敏特征使其加工和利用受到极大限制。本书围绕南极磷虾适温脱水及脂质低温分离制备新工艺,分析利用新工艺制备南极磷虾脂质性质及结构,并利用动物模型进行了生物功能评价,为南极磷虾资源的开发利用提供指导基础。

图书在版编目(Ｃ Ｉ Ｐ)数据

南极磷虾脂质制备与评价 / 孙德伟著. --南京 : 河海大学出版社,2021.12
　ISBN 978-7-5630-7331-3

Ⅰ. ①南… Ⅱ. ①孙… Ⅲ. ①虾类-水产动物油-油脂制备②虾类-水产动物油-评价 Ⅳ. ①TS225.2

中国版本图书馆 CIP 数据核字(2021)第 250674 号

书　　名	南极磷虾脂质制备与评价
书　　号	ISBN 978-7-5630-7331-3
责任编辑	成　微
特约校对	徐梅芝
封面设计	徐娟娟
出版发行	河海大学出版社
地　　址	南京市西康路 1 号(邮编:210098)
电　　话	(025)83737852(总编室)　　(025)83722833(营销部)
经　　销	江苏省新华发行集团有限公司
排　　版	南京布克文化发展有限公司
印　　刷	广东虎彩云印刷有限公司
开　　本	710 毫米×1000 毫米　1/16
印　　张	9.25
字　　数	158 千字
版　　次	2021 年 12 月第 1 版
印　　次	2021 年 12 月第 1 次印刷
定　　价	76.00 元

献给我的母亲刘英女士。

目录

CONTENTS

第一章

绪论

1.1　南极磷虾概论

南极磷虾(*Euphausia superba* Dana，1850)是一种小型甲壳纲生物，营集群生活(密度为 1 万～3 万只/m³)[1]，它们以海洋浮游生物为食。南极磷虾在分类上属节肢动物门、甲壳纲、磷虾目。磷虾目(Euphausiacea)包含有 10 属 85 种磷虾。其中，种类最多的是磷虾属(Euphausia)，包括南极大磷虾(*E. superba*)、长额樱磷虾(*Thysanoessa macrura*)、长额磷虾(*E. longirosteis*)等 31 种[2]。其中，南极大磷虾(即南极磷虾，见图 1-1)的数量占绝对优势，是商业捕捞的主要品种之一[3]。

图 1-1　南极磷虾照片

Figure 1-1　Map of Antarctic krill

(图片来源：http://news. e23. cn/content/2015-03-31/2015033100316. html)

南极磷虾的身体可分为头胸部和腹部，其消化系统位于头胸部。南极磷虾

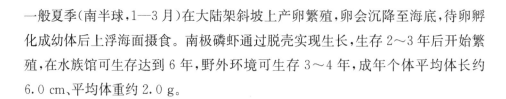

一般夏季(南半球,1—3月)在大陆架斜坡上产卵繁殖,卵会沉降至海底,待卵孵化成幼体后上浮海面摄食。南极磷虾通过脱壳实现生长,生存2～3年后开始繁殖,在水族馆可生存达到6年,野外环境可生存3～4年,成年个体平均体长约6.0 cm、平均体重约2.0 g。

1.1.1 南极磷虾的资源

南极磷虾主要生活在环南极洲海域,其生物量达5.0亿t[4],很可能是我们地球上最丰富的单一生物物种。南极磷虾是南极生态系统中关键的物种[5],其为其他南极动物如企鹅、鲸鱼、海豹、信天翁等提供食物,每年近50%的南极磷虾被这些捕食者消耗,南极磷虾则通过繁殖、生长进行补充。

苏联于1972年最早开始了南极磷虾商业捕捞[6]。20世纪70年代后期,日本成为继苏联后第二个商业捕捞南极磷虾的国家。1987年,韩国也开始了南极磷虾的商业捕捞。挪威和丹麦也是南极磷虾捕捞大国,其中挪威依托Aker BioMarine公司开发了涵盖南极磷虾捕捞、南极磷虾产品深加工在内的全产业链流程。1982年4月,根据《南极海洋生物资源养护公约》内容设立了南极海洋生物资源养护委员会(Commission for the Conservation of Antarctic Marine Living Resources, CCAMLR),其主要职责是制定南极磷虾的养护措施和渔业管理政策,以推进对南极海洋生物资源的养护与可持续利用。目前CCAMLR有24个成员国,中国于2007年10月正式成为该委员会成员。当前,CCAMLR允许的南极磷虾资源年捕捞量不超过620万t(https://www.ccamlr.org/en/fisheries/krill-fisheries-and-sustainability),这远超出了当前全球南极磷虾的捕捞总量。图1-2显示了1974年至2016年人类捕捞南极磷虾的总量(Area 48、481、482、483、484、485、486为不同捕捞区域)。

从图1-2中可以看出,南极磷虾的全球捕捞量自20世纪70年代开始迅速上升,到20世纪80年代后期达到高峰。20世纪90年代后由于苏联退出了南极磷虾的商业捕捞,全球总捕捞量迅速下降。2009年以来,南极磷虾全球总捕捞量不断攀升,这在一定程度上反映了全球对南极磷虾的需求在不断上升。

捕捞的新鲜南极磷虾含水77.9%～83.1%、脂肪0.4%～3.6%、蛋白质11.9%～15.4%及甲壳素2.0%[7],这些成分会随着南极磷虾捕捞上岸的时间[8,9]、生长区域[10]、性别[11]等不同有所变化。南极磷虾对海水中氟元素的富集能力很强,体内氟元素含量最高可达海水中氟元素含量的 3 000 倍[12],这些富集的氟元素主要分布在南极磷虾的外壳中。南极磷虾死亡后,壳中氟元素便开始往虾肉中迁移,这在一定程度制约了南极磷虾蛋白质的利用。早期捕捞南极磷虾主要将其冷冻肉用作饲料或饵料。南极磷虾最为重要的作用是用于提取南极磷虾脂质等工业深加工原料[13, 14]。除南极磷虾蛋白质和脂质外,南极磷虾中的其他成分,如甲壳素等也具有一定的生物活性。

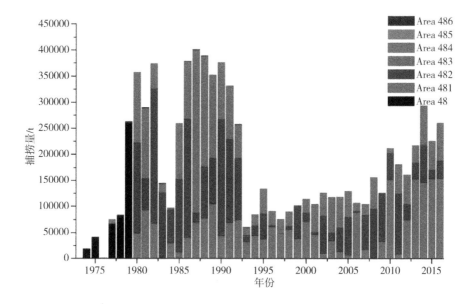

图 1-2 1974—2016 年南极磷虾总捕捞量
Figure 1-2 Catch history of *E. superba*
(图片来源:https://www.ccamlr.org/en/fisheries/krill-fisheries)

1.1.2 南极磷虾的利用状况

南极磷虾处理及利用主要有两种:一是作为一种海鲜,经初步加工后进入市场,主要包括蒸煮、冷冻、剥皮后直接食用或作为高端鱼饵料。20 世纪 90 年代,日本约 43%的南极磷虾直接或间接被人类食用[15],但现在越来越多的日本公司逐渐将其作为食品添加物使用。在美国、欧洲等地区,高品质冷冻南极磷虾被作为食品添加剂被广泛使用。二是深加工后作为高值高端消费品或食品添加物利用。

目前,虽然有较多的研究涉及南极磷虾深加工技术,但这些技术研究还不够成熟、存在一些技术障碍。如捕捞后的南极磷虾由于酶的存在而发生的"自溶"现象[16]、加工处理过程中氟元素的迁移等问题。有研究表明,南极磷虾在贮存过程中,其机体会因为生物酶的作用发生"自溶"现象,富集在甲壳中的氟元素会不可逆地向肌肉中迁移,从而导致南极磷虾肌肉组织中的氟含量超过安全值,这很大程度限制了南极磷虾中蛋白质资源的开发和利用。

1984年,中国首次开展了南极地区科学考察。2006年,中国成了《南极海洋生物资源养护公约》的缔约国。2009年,中国辽宁渔业集团有限公司的"安兴海"轮、上海水产集团有限公司的"开利"轮联合开赴南极,开展了首次南极磷虾的探查和捕捞工作。2013年,南极磷虾油被中国国家卫生计生委公布为新食品原料。由于中国远离南极,南极磷虾的商业捕捞及后勤补给制约着南极磷虾产业的发展。同时,南极磷虾的长距离运输和贮藏技术也亟待开发。此外,南极磷虾捕捞后处理技术不完善,初加工或精加工技术储备不足。就南极磷虾相关产品而言,无论是低附加值产品如饲料用南极磷虾粉、南极磷虾脱壳肉,还是高附加值的南极磷虾脂质、蛋白质等产品的市场知名度和认可度并不高,尤其是附加值最高的南极磷虾油(脂质)的生物功效还有待更深入的发掘和研究。

1.2 南极磷虾脱水概论

海洋中的鱼、贝、虾、蟹等各种水产品为人类提供了丰富的食物,但水产品含水量高、组织中酶的活性较强容易导致原料的腐败变质,同时水产品捕捞季节性强,因此水产品捕捞后必须进行适当加工后贮藏,以最大程度降低劣变。冷加工和脱水加工是水产品的主要加工方式。冷加工过程需要建设冷链,投资大、能耗高,因此脱水加工成为了水产品系列加工工艺中必不可少的一环。脱水加工可直接降低水产品的水分,降低水产品的水分活度,延缓水产品品质的下降,同时干制品大幅降低了水产品的体积和重量,方便储藏并可有效减少运输成本。水产品脱除水分的主要技术有较为传统的干燥技术,如自然干燥、热风干燥等;也有较为新型的干燥技术,如真空冷冻干燥、热泵干燥、红外干燥以及微波干燥等。在干燥方式的选择上,既有单一方式脱水干燥,也有多种脱水方式联合进行干燥。

自然干燥又叫阳光干燥(SD)是指利用自然条件如太阳光、自然风等脱出水产品中水分的一种传统方法。该法不需要特殊设备、操作简单、成本低,是渔民们最常用的脱水方式。但该法有如下缺陷:一是天气依赖性强,可控性差,若遇阴雨潮湿天气就会导致水产品质量不可逆转地急剧下降;二是卫生条件难控制,如灰尘、蚊虫、鸟类、啮齿动物等是潜在的危害,会直接导致干品产量和质量的降低[17];三是脱水时间长、干燥速率低、脱水目标物易氧化[18],且操作劳动强度大,无法满足大规模生产。

热风干燥也叫热空气干燥(HAD)是以热空气为媒介,使水分蒸发离开水产品体系。HAD具有效率高、投资少、卫生条件好、易操作等优点,广泛用于工业界。干燥时热量由外向内传递,而水分则由内向外迁移,建立和保持一定的温度梯度对水分的扩散十分重要[19]。HAD虽然加快了干燥进程,但也存在一些局限。如较高干燥温度会导致水产品营养成分和生理活性物质遭到破坏[20],有时会由于急速干燥导致被干燥物料表面硬化反而阻碍了物料内部水分往外的迁移;物料与空气长时间接触会导致物料中脂肪氧化和美拉德反应;微生物繁殖产生的不友好气味也会破坏水产品原有风味。

真空冷冻干燥(FD)是先降低物料温度使物料中水分成为固态,然后在低真空环境下给物料一定能量,那么呈固态的水分便会升华为气态离开物料而被冷阱捕获,从而实现脱水的目的。FD在低温下进行,隔绝了氧气,最大程度减少了物料中生物活性物质的损失,可明显提升干制品的质量。但FD设备投入和运行成本较高,干燥耗时也较长。

热泵干燥(HPD)是近年来发展起来的新的节能干燥技术。与HAD相比具有以下优势:一是HPD可以回收干燥排出的水蒸气中的潜能[21],能量利用率高;二是HPD环境封闭,减少了物料接触氧气的机会,较少了氧化反应;三是HPD系统中物料温度和湿度可控,这能提升干燥效率、提高干品质量。但HPD也存在一些问题,如干燥中后期,干燥室内进出口空气湿度状态变化较小,脱水效率急剧下降,脱水时间和能耗会大幅度上升。

联合干燥(CD)是将不同的干燥设备进行组合,取长补短。任爱清[22]利用热泵热风联合研究了鱿鱼脱水;段续[23]采用微波冷冻联合研究了海参脱水;孙媛[24]采用了热泵热风联合研究了东海小黄鱼脱水;宋杨等[25]采用热泵联合微波研究了海参脱水;Xu等[26]采用热风脱水联合冷冻干燥研究了竹笋脱水;

Claussen 等[27]发现,冷冻干燥可与其他脱水方式如热泵脱水等联合降低能量消耗。

1.2.1　南极磷虾脱水研究现状

当前,南极磷虾捕捞后主要采用冷冻保存、脱水保存或直接分离南极磷虾脂质[14]。直接在船上分离南极磷虾脂质技术要求高、需专门的捕虾船,因此南极磷虾捕捞后通常是直接冷冻保存或生产虾粉。有研究表明,冰冻保存或热处理后冷冻保存对其脂肪酸组成的影响不大[28],此外在南极磷虾捕捞后进行及时蒸煮并添加合适的抗氧化剂能最大限度降低南极磷虾体内营养成分的损失[29]。

刘志东等[30]开发了"蒸煮-压榨法"生产虾粉的工艺,发现水煮脱水方式制备虾粉虽然可以满足提脂用粉的要求同时降低 13.5% 虾油的生产成本,但该工艺生产的虾粉可能会导致动物肝脏损伤[31, 32]。刘建君等[33]报道了梯度温度分阶段脱水,其虾粉生产效率可提升近 1 倍、降耗 24%,并指出温度是影响南极磷虾粉产量最重要的一个因素。热加工会导致南极磷虾粉品质下降的原因是油脂氧化,进而导致南极磷虾产品的非酶褐变反应,推测是由美拉德反应导致[34]。刘志东等[35]采用双螺杆挤压设备生产南极磷虾粉,探索了低温南极磷虾粉的生产工艺,该技术可避免由于原料的过度加热而引起功能性物质的损失,此外还可以实现捕虾船的"减容增效",提高船载加工效率以及终产物品质;但单纯挤压过程并不能完成整个脱水过程,还需 95 ℃热加工制备提脂用虾粉,而热加工可能会破坏脂质中的生物活性成分。Huang 等[36]报道了高压电场干燥联合冷冻干燥对虾进行脱水,发现联合脱水耗费时间更短、干品质量更好。Zhang 等[37]采用热泵系统对虾进行脱水,发现热泵脱水得到的干品质量要好于热风脱水的干品。

农产品高效脱除水分,首先要选择合适的脱水方法[38]。低温脱水的产品质量好,如实验室常选用冷冻干燥[7]。热泵脱水温度、湿度可控,能耗较低,其干燥产品质量较高[39]。开发成本可控的脱水技术,是南极磷虾商业开发的要求,目前对此问题的专门研究还不多[40]。

1.2.2　南极磷虾干品评价现状

南极磷虾商业化捕捞限于捕虾船荷载及运输成本,其主要产品是南极磷虾粉。目前,由于没有评价南极磷虾粉的专门国家标准,实际操作中参考评价鱼粉的国家标准(GB/T 19164—2003)评价南极磷虾粉。该标准根据感官要求(色泽、组织、气味)和理化指标(蛋白含量、水分含量、灰分、赖氨酸含量、蛋氨酸含量、胃蛋白酶消化率、酸价、杂质含量)将鱼粉分级。Nielsen 等[41]发现,随着保存时间的延长,挥发性物质有微微增加,自由脂肪酸增加,抗氧化伴随物虾青素和维生素 E(V_E)减少,同时还检测到磷脂(PL)和多不饱和脂肪酸(PUFA)的降低,指出真空包装可提升虾粉的氧化稳定性。

刘志东等[42]指出应根据特定用途选择不同的虾粉加工方式,制备油用南极磷虾粉应该最大程度减缓其脂质的氧化分解,温度和氧气是南极磷虾粉劣变的主要因素。真空保存南极磷虾粉可较大程度降低其中脂质的氧化[43]。Sun 等[44]耦合低温热泵脱水和冷冻干燥的方法分步脱水制备南极磷虾粉后制备的南极磷虾油具有较高的提取率,与完全冷冻脱水相比可节约 62% 的脱水时间和 50% 的脱水能量。南极磷虾原料的品质直接关系到南极磷虾油脂的品质。鉴于此,有必要探索南极磷虾粉的评价体系。

1.3 南极磷虾脂质制备概论

生物脂质的制备主要有物理法、化学法和生物法。其中,物理法制备生物脂质工艺具有无化学溶剂残留等优势,但物理法多伴有加热压榨等处理,这极大地破坏了脂质中热敏组分。物理法在植物脂质提取方面应用较多,动物脂质提取制备应用较少。化学法制备生物脂质工艺具有提取速度快、提取率高等优势,但存在溶剂残留等问题。生物法制备生物脂质工艺具有环境友好、条件温和等优点,但也存在提取过程难以控制、产品品质不高等缺点。当前,南极磷虾脂质的提取方法都是基于上述基本方法单独或者联合进行,其中以溶剂提取方法最为常见。

目前,南极磷虾脂质制备所采用的原料主要有新鲜南极磷虾、冷冻南极磷虾和南极磷虾干粉。就南极磷虾脂质的溶剂提取而言,通常采用单一溶剂如丙酮、乙醇、正己烷等,但这些方法存在耗时长、效率低、溶剂污染及物料中生物活性物质易被破坏等缺点。有研究采用先丙酮后乙醇两步法溶剂提取[45, 46],但多步法也存在提取耗时较长、工业脱溶分离技术成本高等短板。此外,脂质的溶剂萃取率很大程度上受控于溶剂的极性,极性大的溶剂能分离制备物料中更多的极性成分,极性较弱的溶剂提取的则主要是非极性组分。当前,南极磷虾脂质提取工业化生产(如 Neptune technologies、Aker Biomarine、Nutrizeal、Enzymotec 等公司)主要以冷冻南极磷虾或南极磷虾粉为原料在陆地工厂分离脂质。

超临界流体提取技术也被用于南极磷虾脂质提取[47],但超临界设备复杂、费用高。如采用超临界 CO_2 夹带 20% 乙醇提取[48],提取之前需对原料预先干燥,提取后还要对目标物脱溶,整个处理过程中涉及的高温都可能破坏南极磷虾中热敏性有效成分。无溶剂提取,如酶法提取[49],提取率不高。因此,当前亟需寻求一种经济可靠、环境友好和对脂质成分破坏性低的脂质提取方法。

亚临界流体提取技术因其提取时压力低(相对超临界提取)、温度低、效率高、投资低等优点,已被应用于亚麻籽油等植物脂质[50, 51]和虾蟹油脂等动物脂质提取[52, 53]。亚临界流体提取技术应用于南极磷虾脂质提取将最大限度减少氧化,但目前对亚临界丁烷提取南极磷虾磷脂的专项研究暂未见报道。

1.4　南极磷虾脂质性质及其品质评价现状

南极磷虾脂质的主要成分有 ω-3 PUFA、PL、虾青素等[54],其中 PL 型 ω-3 PUFA 占总脂肪酸的 34%[55, 56],被称为海洋卵磷脂[57]。PL 上结合了大量 ω-3 PUFA,这使南极磷虾 PL 比甘油三酯(TAG)型 ω-3 PUFA 有更好的生物效果[58],如大脑对 PL 型 ω-3 PUFA 吸收得更好[59]。因含丰富的虾青素,所以南极磷虾脂质(油)呈现红色[47]。虾青素(酯)的抗氧化能力是 β-胡萝卜素的数十倍[60],有研究认为虾青素(酯)具有预防糖尿病、肿瘤等疾病,增强免疫力、促进生长繁殖等作用[61]。研究发现,磷脂和与维生素 E 可协同增效[63]、维生素 E 与虾青素可协同增效[64],这赋予了南极磷虾脂质超强的抗氧化能力。南极磷虾脂质的含量及组成很大程度取决于其捕捞时间、生活区域、生长阶段及环境[65]、食物获取以及捕捞后处理方式[66]。

物质组成和结构决定物质的性质,其性质又关系着物质的功能和用途,因此对物质的组成及结构的研究显得非常重要和必要。Ali-Nehari 等[67]、Gigliotti 等[66]、Xie 等[68, 69]、Yin 等[70]详细研究了采用不同分离方式制备的南极磷虾脂质的组成,发现不同的分离方法对南极磷虾脂质的主要组分如脂肪酸特征、磷脂含量、虾青素含量有不同程度的影响。Araujo 等[71]研究了商品虾油的甘油三酯结构，发现甘油三酯 Sn-2 位脂肪酸中有 21% 为 ω-3 PUFA。Castrogomez 等[72]解析了 Aker BioMarine 提供的南极磷虾油中甘油三酯、甘油二酯及磷脂的分子种，发现该虾油磷脂中的磷脂酰胆碱(PC)含量占全部磷脂一半以上，同时还认为南极磷虾中虾青素具有极强的抗氧化性。Le 等[73]分析了不同来源 PC 时的南极磷虾来源 PC，发现南极磷虾来源 PC 无论是 PC 上的脂肪酸组成，还是 PC 分子种，均与其他来源 PC(蛋黄来源、牛肝来源及大豆来源)存在明显差别，南极磷虾 PC 分子种以富含 C16:0~C20:5 和 C16:0~C22:6 为主要特征。Winther 等[56]解析了南极磷虾脂质中 PC 的分子种，有 69 种不同的 PC 分子种被检测。Zhao 等[74]研究了正己烷分离制备南极磷虾脂质中 PC，发现该 PC 中的脂肪酸主要是 C16:0 (41.25 %)、C18:1 (8.62 %)、EPA (31.34 %)、和 DHA (14.52 %)。

南极磷虾脂质作为海洋脂质，在我国暂无专门的质量标准，实际应用中一般参考鱼油的标准(SC/T 3502—2016)。2013 年，磷虾油被中国确认为新食品资源[75]，其外观要求为呈暗红色或红褐色透明油状液体，总 PL 含量 38%、DHA 含量≥3%、EPA 含量≥6%，并符合中国食品卫生安全指标。孙来娣等[76]将 PL 含量、虾青素含量、PUFA 含量确定为南极磷虾油的关键质量指标。Lu 等[77]提出南极磷虾脂质氧化反应不能通过经典指标如过氧化值(POV)等准确测定，特定油脂的挥发性产物可以表征脂质的氧化程度。Lu 等[78]提出传统指标易低估南极磷虾油的氧化及劣变，提出采用化学组成、疏水性吡咯、挥发性物质组成等指标综合评价南极磷虾油品质。山东道姆海洋生物科技有限公司发布了企业标准《南极磷虾油制品》(Q/DM 0004S—2015)，该标准对南极磷虾脂质原料的感官指标(应该具有均一的淡红色或暗红色，具有磷虾油固有的滋味与气味、无酸败味，整体呈半透明状液体且无肉眼可见外来杂质)和理化指标(AV、POV、DHA+EPA 含量、PL 含量等)做了说明。虽然该标准将感官指标结合理化性质及主要成分进行评价，但没有给出量化评价方法，也没有考虑南极磷虾脂质的特殊结构。Burri 等[79]报道可联合[31]P、[1]H 和[13]C 核磁共振光谱技术鉴定南极磷虾油真伪。

1.5　南极磷虾脂质生理功能研究概况

南极磷虾脂质中 ω-3 PUFAs 很大一部分是以 PL 的形式存在的，而这被认为具有更高的生物活性[80]。南极磷虾还富含如虾青素、V_E 等多种抗氧化成分[66]，这些物质也被认为对高血压、心脑血管疾病具有一定的改善作用[81]。作为一种新的膳食补充剂，南极磷虾脂质正越来越受欢迎，一些试验也显示出了南极磷虾脂质对健康的好处[82]。

Lee 等[83]发现南极磷虾油抑制了 HepG2 肝癌细胞中 TAG 聚集，膳食添加南极磷虾油（占总膳食的 2.5%）不影响日均摄食量，但控制了高脂诱导肥胖 C57BL/6J 小鼠体重增加，改善了食源性肝脏变性。Lu 等[84]发现小鼠肠道菌主要类群的面貌与南极磷虾油有量效关系，高剂量南极磷虾油能缓解血脂过多和肥胖。Hals 等[85]发现，南极磷虾脂质中 PL 型 ω-3 脂肪酸可减轻心血管疾病的发生。Ursoniu 等[86]针对南极磷虾油对人体脂质调整效应进行了系统总结和 Meta 分析，发现添加南极磷虾油能有效降低血脂中 LDL-C 和 TG、升高 HDL-C，但南极磷虾油在降低心血管疾病指数方面的作用需要更多的临床资料支撑。

南极磷虾脂质可改善高脂小鼠血脂异常、降低体重及糖代谢异常[87-89]。通过饮食摄入南极磷虾脂质可显著改善肥胖动物因胰岛素敏感导致的葡萄糖不耐受症[89-91]。Albert 等[92]发现健康的超重成年人（体重指数 25～30 kg/m²）摄入南极磷虾油与三文鱼油均降低了胰岛素的敏感性，反而增加了糖尿病和心血管疾病的患病风险。Laidlaw 等[93]发现，对普通人群而言，ω-3 脂肪酸的形式和剂量影响没有实质差别，但对期待减轻心血管疾病风险人群而言，ω-3 脂肪酸的形式和剂量很重要。Joob 等[94]总结了南极磷虾脂质的生理功能，指出南极磷虾脂质在治疗血脂异常、炎症及部分妇科病方面能发挥积极作用，是一种好的海洋食品添加剂，但在慢性代谢疾病的管理上，临床疗效还没有具体定论。其他学者也从不同方面总结了南极磷虾脂质的生物功效[95,96]。

1.6 研究背景及意义

南极磷虾资源丰富，是宝贵的海洋资源。南极磷虾脂质是南极磷虾组分中附加值最高的部分[95]。开发利用南极磷虾资源最大的问题是南极远离大陆，运输成本巨大；其次南极磷虾脂质分离技术也亟待创新发展[96]。

2013 年以来，中国加大了对南极磷虾的开发力度，但中国目前尚无专业捕捞南极磷虾的捕虾船。当前，南极磷虾产业的各种配套技术，尤其是南极磷虾中生物活性成分的深加工技术亟待研究开发[97]。总体而言,中国目前对南极磷虾的研究还处于基础研究阶段[14]。本研究希望从物料脱水、脂质制备入手开发新的南极磷虾脂质分离新工艺,以期能对大规模的南极磷虾资源的商业开发提供借鉴。此外,本研究深入剖析南极磷虾脂质的结构,以全新的动物模型对其相关生理功能进行了研究与评估,期待能为人们更深入认识南极磷虾脂质提供新资料。

1.7 本书的主要研究内容

本书主要研究内容包括:

(1)开展南极磷虾适温脱水的研究。通过对原料水分活度、玻璃化转变温度、能源消耗、时间消耗、干品颜色、干品微观构造的研究,结合以此干品为原料的脂质提取率、脂质中酸价、过氧化值、多不饱和脂肪酸含量、虾青素含量等指标,探讨联合脱水的水分转换点;对比研究热风脱水、冷冻脱水、热泵脱水及联合脱水过程,探讨脱水方式对南极磷虾粉及其脂质的影响;通过定量分析法,探索南极磷虾粉质量评价体系。

(2)开展南极磷虾脂质亚临界制备的研究。通过对分离过程中的单因素条件(如提取次数、单次提取时间、提取温度、提取压强等)的分析,考察不同提取条件对脂质提取率的影响;采取响应面的方法设计系列实验,建立响应曲面和方程,考察不同条件之间的相互影响,寻找最佳分离条件;对比研究不同南极磷虾脂质的分离制备方法,考察不同制备方式对南极磷虾脂质组成及相关特性的影响。

(3)分析南极磷虾脂质的组成和结构。通过分析脂质的基本理化性质及其组成,研究南极磷虾脂质的抗氧化性能;通过对新工艺制备的南极磷虾脂质中特殊结构如甘油三酯结构及组成、磷脂组成及其分子种、脂质中天然抗氧化物质虾青素含量及结构、脂质挥发性成分等的系统分析,深入研究南极磷虾脂质的潜在生理功能;尝试建立基于"综合指标+量化评分"思想,针对南极磷虾脂质质量评价的综合评价体系。

(4)构建新的动物模型,以此模型评价南极磷虾脂质的生理功能。考察南极磷虾脂质对棕榈油诱导高脂肪背景及棕榈油基极性物质影响下近交系C57BL/6J小鼠的对糖代谢以及脂代谢的响应,并在不同层次上探讨南极磷虾脂质对相关生理功能的影响机理。

第二章

南极磷虾适温脱水研究

2.1 引言

南极磷虾生活在远离大陆的南极海域,捕捞后一般会被直接冷冻保存、壳肉分离冷冻保存或脱水制成南极磷虾粉保存。直接冷冻保存的南极磷虾最新鲜、品质高,但使用该法保存会因为南极磷虾含水量高达 80% 而消耗大量能量,费用较高;壳肉分离技术目前不够成熟,所得到的南极磷虾肉品质不高[97]。当前,中国南极磷虾的主要产品是冷冻南极磷虾和南极磷虾粉[14]。因此,基于深加工的南极磷虾保存新技术的研究显得十分迫切。

南极磷虾脂质和南极磷虾蛋白质是南极磷虾作为食品资源最重要的目标物[14]。南极磷虾高水分含量强烈影响了脂质的提取,在脂质提取之前脱水可提升脂质提取率[98],同时还能提高脂质品质。有研究发现,冷冻脱水后南极磷虾脂质提取率可提升 3 倍[99],脱水南极磷虾粉可室温安全保存 18 个月而没有显著脂质劣变[100]。因此,南极磷虾脱水是脂质分离前一个必要步骤。此外,南极磷虾脱水后可以大幅降低储运成本[101]。

2010 年,国家高技术研究发展计划(863 计划)海洋技术领域发布了"南极磷虾快速分离与深加工关键技术"的专项研究。该研究期待达成的目标是"以尚未规模开发的南极磷虾为研究对象,突破南极磷虾的船上快速高效分离、船上快速加工、高值化综合利用等技术与设备",此举旨在提升中国开发和利用南极磷虾资源的技术能力。中国辽宁渔业集团有限公司承担了该任务,开发了船载南极磷虾壳肉分离装备和深加工装备体系,系统集成船上整形虾肉和虾糜、虾粉及陆上虾油、蛋白源制品和风味制品的深加工。可见,南极磷虾资源利用的关注点主要集中在捕捞后处理及后续深加工方法上[14]。

基于此,本章探索了南极磷虾捕捞后的处理方式,以期开发适温脱水新技术。首先,比较了热风脱水及热泵脱水过程目标物中不同水分迁移规律,以及不同温度条件下热泵脱水的效率;通过对不同水分转换点物料的水分活度、玻璃化转变温度、相应分离的脂质性质,以及脱水耗费的能量及时间进行对比,确定了较佳水分转换点;对比研究了耦合脱水、热风脱水、冷冻干燥脱水及热泵脱水对南极磷虾干品色泽、微观构造、脂质提取率、脂质性质,以及脱水全过程的能量和时间消耗;探索了新的南极磷虾干品质量评价方法。

2.2 材料与方法

2.2.1 实验材料

南极磷虾(2013 年 2—4 月自南极地区 48 区捕捞并冷冻保存,2014 年 4 月在冷冻状态下运至实验室−40 ℃状态保存);丁烷(纯度＞99％),中国河南亚临界生物技术有限公司;虾青素、V_E(α-、β-、γ和 δ-V_E)、V_A 和脂肪酸等标准品,美国 Sigma 公司;其余分析纯试剂,国药集团化学试剂有限公司。

2.2.2 实验仪器

核磁共振分析仪(PQ001 型),上海纽迈电子科技有限公司;冷冻干燥机(Xianou-18SN 型),中国南京先欧仪器设备制造有限公司;热泵脱水系统(HGOE-10/S 型),中国杭州欧艺电器有限公司;热风干燥烘箱(101-1-BS 型),中国上海跃进医疗设备有限公司;粉碎机,浙江屹立工贸有限公司;亚临界丁烷提取装置(CBE-5L 型),中国河南亚临界生物技术有限公司;旋转蒸发仪,无锡申科仪器厂;振荡摇床,金坛荣华仪器有限公司;离心机(5810 型),德国艾门德公司;pH 计、分析天平、卤素水分快速测定仪(HB43-S 型),瑞士梅特勒-托利多公司;磁力搅拌器,德国 IKA 公司;水分活度仪(Lab Swift-Aw 型),瑞士 Novasina 公司;差示扫描量热仪(Q2000 型,DSC),美国 TA 仪器公司;积分球分光色差仪(Ultra Scan Pro1166 型),美国 Hunter Lab 公司;扫描电子显微镜(Hitachi Su1510 型,SEM,配备 Zeiss EVO 18 镜头),日本日立公司;气相色谱

(7820A 型,GC,配备 FID 检测器),美国安捷伦公司;TR‐FAME 硅胶柱(60 m×0.32 mm×2.5 μm),美国赛默飞(上海)公司;分光光度计(UV‐2450型)和液相色谱仪(LC‐20AT 型),日本岛津公司。

2.2.3 实验方法

2.2.3.1 南极磷虾及其脂质基本指标分析

南极磷虾及其脂质基本指标参照相应方法测定:水分(GB 5009.3—2010)、蛋白质(GB 5009.5—2010)、脂肪(GB/T 5009.6—2003)、灰分(GB 5009.4—2010)、氟元素(GB/T 5009.18—2003)、磷元素[102]、其他微量元素[103]。

2.2.3.2 南极磷虾水分分布分析

采用低场核磁分析仪对南极磷虾样品中的水分分布情况进行分析。称取待测南极磷虾样品 2.0 g 放入核磁管中并用封口膜密封,放入 15 mm 探头线圈内开始分析。使用 CPMG(Carr‐Purcell‐Meiboom‐Gill)脉冲序列分析南极磷虾中水分横向弛豫时间 T_2[104]。低场核磁分析仪参数如下:磁场强度($0.5±0.08$)T,共振频率 19 MHz、磁体温度($32.00±0.01$)℃、90°脉冲时间 7.5 μs、180°脉冲时间 15 μs、扫描频宽 200 kHz、回波数 5000、重复扫描 32 次。横向弛豫信号的函数表达如下:

$$A(\tau) = \sum_{i=1}^{n} A_i \times \exp\left(-\frac{\tau}{T_{2(i)}}\right) + L_0 \qquad (2-1)$$

式中,$A(\tau)$ 为 τ 时的弛豫信号强度;A_i 和 $T_{2(i)}$ 则分别为测试样品中 i 组分的弛豫信号强度和横向弛豫时间;L_0 为常数,代表衰减曲线的噪声水平。

2.2.3.3 南极磷虾脱水处理

热风脱水:将 500 g 解冻后的南极磷虾放置在干燥网格上,设定好温度,恒定风速 2.0 m/s,每 30 min 测定一次水分,直至脱水终点。热泵脱水处理:将样品 500 g 置于网格上,设定好温度和湿度,恒定风速 2.0 m/s,每 30 min 测定一次水分,直至脱水终点(选择终点水分为 10%,此时南极磷虾内脂质酸败水平最低[33])。真空冷冻脱水:将样品 500 g 预先冷冻后置于脱水室,保持冷阱温度低于−65 ℃,真空度低于 20 Pa,定时取样测定水分含量。耦合脱水:先热泵脱水至物料到一定水分($50.0\%±0.5\%$、$40.0\%±0.5\%$、$30.0\%±0.5\%$、$20.0\%±0.5\%$),然后真空冷冻脱水。

2.2.3.4 南极磷虾水分活度及玻璃化转变温度检测

水分活度(a_w)采用水分活度仪进行测定;玻璃化转变温度(T_g)采取 DSC 进行测定,机器以液氮降温,按照 10 ℃/min 升温,取待测样品 15～20 mg 放入专用铝盒中密封测量,得到曲线后按照机器操作说明计算而得。

2.2.3.5 南极磷虾粉色泽及微观结构检测

色泽分析:脱水后南极磷虾粉碎后过 30 目筛,色度仪先用白纸标定,然后取 5 g 样品装入透明袋中检测,记录 Lab 值(L,亮度;a,红值;b,黄值)。微观构造分析:按照 SEM 标准步骤操作,取南极磷虾粉少许放于检测台上抽真空喷金处理后,用电子显微镜观察照相。

2.2.3.6 南极磷虾脱水消耗时间和能量计算

南极磷虾脱水时间用电子钟记录;脱水能量参考 Chua 等[105]和 Mujumdar 等[106]的方法,按以下公式计算:

$$E = \sum_{k=1}^{n} \frac{T_k \times P_k}{M} \tag{2-2}$$

式中,T_k 为每一个脱水阶段的脱水时间(h);P_k 为相应阶段所采用脱水设备及其实际功率(kW);M 为被脱水物料的质量(g);E 为物料脱水消耗的总电能(kW·h/g)。

2.2.3.7 南极磷虾脂质制备

将 100 g 南极磷虾粉放入亚临界萃取罐中,按实验设计的相应料液比加入亚临界丁烷,设定萃取的时间、温度以及压力进行萃取。多次萃取按照相同的操作步骤进行,最后合并萃取目标物。萃取结束后以 2 000g 离心 15 min,去除杂质。南极磷虾脂质提取率按下面公式进行计算:

$$N = \frac{w_1}{w_0} \times 100\% \tag{2-3}$$

式中,w_0 为被萃取的物料质量(g);w_1 为南极磷虾脂质总质量(g);N 为南极磷虾脂质提取率(%)。

2.2.3.8 南极磷虾脂质酸价检测

按照 AOCS[107]和 Shao 等[108]方法测定,稍有改动。具体为:将 1.0 g 样品加入 100 mL 乙醚/乙醇混合溶液(1:1,V/V)溶解,加入酚酞试剂作为显色剂,

用 0.1 N KOH-乙醇溶液滴定,直至溶液出现粉红色保持最少 20 s。南极磷虾脂质的酸价 AV 按以下公式计算:

$$AV = \frac{56.11 \times V \times C}{M} \tag{2-4}$$

式中,V 为滴定所消耗的 KOH-乙醇溶液的体积数(mL);C 为标定后 KOH-乙醇溶液的浓度(mol/L);M 为待测样品的质量(g);56.11 为 KOH 的相对分子质量。

2.2.3.9　南极磷虾脂质脂肪酸检测

脂肪酸分析参照 AOCS 方法检测[109]。具体如下:取 200 μL 待测样品于螺旋口试管中,加入 2.0 mL 0.5 mol/L 的 NaOH-甲醇溶液后在 65 ℃水浴中皂化 30 min,充分振荡。取现配三氟化硼/甲醇溶液(1∶3,V/V)2 mL 加入皂化后溶液,拧紧螺口盖后在 70 ℃水浴锅中水浴 10 min,其间不间断摇晃。然后取出加入 2.0 mL 正己烷振荡 2~3 min,静置分层。加入饱和氯化钠溶液使试管液面升高。将上层液转移至离心管(1.5 mL)中,加入无水硫酸钠少许后在 10 000 r/min 离心 3 min,取上清液过膜后转移至进样瓶中待用。

气相色谱 GC 的条件:CP-Si188 型毛细管柱(100 m×0.25 mm×0.2 μm);载气为 N_2,流速 25 mL/min,压力 200 kPa;燃烧气为 H_2,流速 30 mL/min,压力 60 kPa,进样口温度为 230 ℃,检测器温度为 250 ℃。按照以下程序升温:60 ℃温度下保持 3 min 后以 5 ℃/min 的升温速率升至 175 ℃,保持 15 min 后以 2 ℃/min 的升温速率升至 220 ℃,保持 10 min。脂肪酸混合标准品定性,采用面积归一法定量各脂肪酸组成百分比及相对含量[110]。

2.2.3.10　南极磷虾脂质中虾青素检测

虾青素含 HPLC 检测方法参考 Rao 等[111]的方法,稍有改动。具体如下:取待测样品 1.0 g 加入 0 ℃丙酮 5 mL 中振荡,分离上清液,多次操作直至丙酮不溶物不见红色为止,最大程度分离虾青素,合并上清液,氮吹干后加入二氯甲烷溶液定容至 10 mL。取上述溶液 1.0 mL 加入 0.05 mol/L 的 NaOH-甲醇溶液 3 mL 后在 4 ℃水浴中皂化 12 h,然后加入 200 mg $NaHSO_4$ 结束反应,尽可能将虾青素酯转化为游离虾青素。

HPLC 条件:岛津 LC-20AT 配备紫外检测器(SPD-20A,岛津),C18 柱(5 μm、250 mm×4.6 mm),以二氯甲烷/乙腈/甲醇(20∶70∶10,V/V/V)为

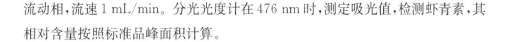

流动相,流速 1 mL/min。分光光度计在 476 nm 时,测定吸光值,检测虾青素,其相对含量按照标准品峰面积计算。

2.2.4 统计学分析

本章对南极磷虾水分含量、脱水消耗的能量及时间、水分活度、玻璃化转变温度、脂质的酸价、脂肪酸、虾青素含量均重复检测三次。使用 SPSS 软件(Version 18.0)进行方差分析(ANOVA),结果以"平均值±标准差"(SD)表示,$P < 0.05$ 时具有统计学差异。

2.3 结果与讨论

2.3.1 南极磷虾基本组分分析

冻藏温度越低,有效保存时间就越长[112]。Chi 等[113]研究发现 $-8\ ℃$、$-18\ ℃$ 和 $-28\ ℃$ 冻藏温度下南极磷虾的保质期分别为 20 d、75 d 和 120 d。若南极磷虾需长期贮藏,其冻藏温度应该低于 $-30\ ℃$[112]。李杰[114]发现冷冻保存后出肉率会大幅下降,冻藏温度越低,南极磷虾的品质保存得越好。迟海等[115, 116]研究发现静水解冻更适合保持南极磷虾品质,其最佳条件为静水 15 ℃、浸泡 7 min,并辅以 40 r/min 速度搅拌。刘会省等[117]研究发现碎冰解冻更能保证南极磷虾品质。曹荣等[118]研究发现不同用途的南极磷虾应该采取不同的解冻方法,提脂用南极磷虾适宜采用低温空气解冻。综上并结合实际情况,本样品选择低温空气(4 ℃)解冻,并检测了其基本指标,结果见表 2-1。

表 2-1　南极磷虾中部分元素含量(湿基)
Table 2-1　Elements content in Antarctic krill (wet basis)

组分	含量/(mg/kg)	组分	含量/(mg/kg)
磷	15 500	氟	1 520
钙	25 000	锌	71.8
钠	8 000	铝	65.8
钾	4 000	硒	12.5

组分	含量/(mg/kg)	组分	含量/(mg/kg)
镁	40	铁	57.2
镍	2.9	钴	14.0
铬	0.4	锰	5.4

南极磷虾湿基含水 80.0%、蛋白质 12.0%、脂肪 4.9%、灰分 3.0%,以及丰富的铁、锌、硒等对人体有益的微量成分。湿基南极磷虾氟元素含量 1 520 mg/kg,该结果与张海生等[119]报道的 1 232 mg/kg 相近。南极磷虾主要成分随捕捞季节、性别、生长周期等有较大变化[120],本书中所采用的南极磷虾原料的主要成分含量指标在文献报道范围内。赵玲等测定了南极磷虾 20 种元素含量,结果显示钙、钠、钾、镁、铁、锌和硒等含量较高,钴、镍、锰、铬、镉和铅等含量较低[103]。本实验采用低温空气自然解冻样品,测定的微量元素含量结果与赵玲的检测结果基本一致。

2.3.2 脱水方式及最佳脱水条件研究

2.3.2.1 南极磷虾不同脱水方式水分迁移规律研究

^{1}H-LNMR 的弛豫时间 T_2 与氢质子活跃程度正相关,T_2 越小表明目标物中氢质子自由度越低,其与目标物结合得越紧密,反之则越活泼。T_2 反演谱的波峰表示不同状态的水分含量相对值,波形所覆盖的面积可以表示这种水分状态的相对含量[121]。南极磷虾体系中的水分状态按照其与物料结合的强弱可区分为结合水、不易流动水和自由水,其对应的弛豫时间和占总水的比例可具体分别表示为:T_{21}(0.1~5.0 ms),峰面积 A_{21} 表示结合水含量相对值;T_{22}(5.0~300.0 ms),峰面积 A_{22} 表示不易流动水含量相对值;T_{23}(>300.0 ms),峰面积 A_{23} 表示游离水含量相对值。图 2-1、图 2-2 显示了南极磷虾样品热风脱水(HAD)和热泵脱水(HPD)过程水分迁移,表 2-2 为样品 HAD 和 HPD 过程不同水分所占比例,其中,A 为总水面积;A_{21}/A 为结合水占总水比例;A_{22}/A 为不易流动水占总水比例;A_{23}/A 为自由水占总水比例。

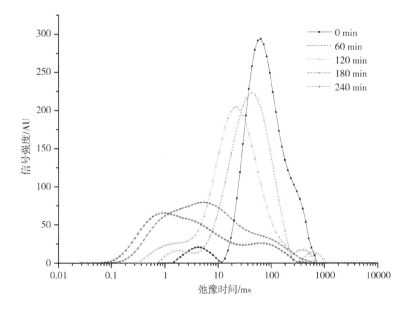

图 2-1　南极磷虾热风脱水过程水质子的弛豫时间分布

Figure 2-1　The distribution of proton relaxation time of water in
Antarctic krill during the process of HAD

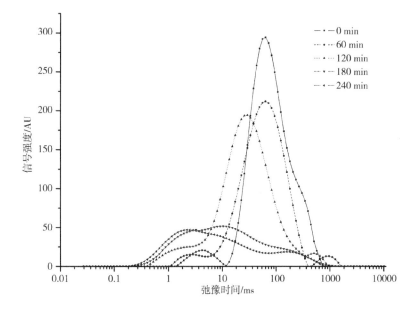

图 2-2　南极磷虾热泵脱水过程水质子的弛豫时间分布

Figure 2-2　The distribution of proton relaxation time of water in
Antarctic krill during the process of HPD

表 2-2 热泵脱水和热风脱水过程中不同水分所占比例

Table 2-2 The percentage of different water states during drying the process of HPD and HAD

脱水时间/min		0	60	120	180	240
HPD	A	4 631.51	4 125.32	3 882.62	2 658.68	2 008.85
	A_{21}/A	4.43	4.01	6.31	72.16	62.42
	A_{22}/A	80.56	91.74	89.93	27.84	37.58
	A_{23}/A	15.01	4.25	3.76	0.00	0.00
HAD	A	4 631.51	4 168.83	4 005.94	2 797.53	2 191.42
	A_{21}/A	4.43	4.06	7.41	83.16	82.85
	A_{22}/A	80.56	93.29	90.28	16.84	17.15
	A_{23}/A	15.01	2.65	2.31	0.00	0.00

注:A 为总水面积;A_{21}/A 为结合水占总水比例(%);A_{22}/A 为不易流动水占总水比例(%);A_{23}/A 为自由水占总水比例(%)。

由表 2-2 可知,随着脱水的进行,HAD 和 HPD 处理均明显降低了南极磷虾总水分含量,相同时间内 HPD 处理所保留的总水分低于 HAD 处理所保留的总水分。脱水处理 0~120 min,HAD 和 HPD 处理过程中,南极磷虾体系中 A_{23}/A 均下降较快,这说明这期间自由水和不易流动水均快速离开体系。在 HAD 和 HPD 处理过程中,南极磷虾体系中 A_{21}/A 都在变大,这是因为总水分减少导致 A 大幅度减少,而 A_{21} 基本保持不变。脱水处理 120~180 min,HAD 和 HPD 处理的南极磷虾 A_{23} 均变为零,说明此时物料中已无自由水存在。

由表 2-2 可知,脱水处理 120~180 min,HAD 和 HPD 处理的南极磷虾体系中 A_{21} 仅轻微减少,而 A_{22} 有所增加,这可能是因为部分不易流动水转变成了结合水所致。由图 2-2、图 2-3 可知,整体峰有"左移"趋势,且 HAD 处理过程中的偏移趋势要较 HPD 处理过程中偏移更明显,这可能是因为 HAD 处理造成南极磷虾表面局部受热过高而形成致密结构阻碍了水分迁移。可见,HPD 处理过程是在控制一定水分湿度的环境下运行的,其中的水分迁移较为均匀温和,该处理过程脱水效率也较高[122]。有学者也发现,HPD 处理获得的干品质量要好于 HAD 处理获得的干品质量[37]。

2.3.2.2　南极磷虾不同温度热泵脱水效率研究

脱水最重要的目标是节能降耗和提升产品质量。HPD 处理过程中,脱水温度、风速、物料含水量、物料体积、物料形状等均对脱水效率有一定的影响,其中脱水温度的影响最大[123]。本研究中设定风速 1.0 m/s,考虑南极磷虾的大小并保持其在烘干箱内筛网上的厚度不高于 1.0 cm(2~4 只虾厚)的情况下,考察了不同脱水温度的脱水速率,结果见图 2-3。

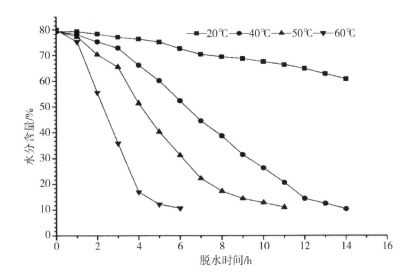

图 2-3　不同温度下热泵脱水的脱水速率

Figure 2-3　Dehydration efficiency of Antarctic krill at different temperature by HPD

由图 2-3 可知,脱水温度从 20℃上升至 60℃,脱水时间差异明显。脱水温度为 20℃时,南极磷虾含水由 80.1%±0.5%降低至 60.0%±1.0%需要约14 h。脱水温度为 60℃时,南极磷虾含水从 80.1%±0.5%下降至 20.0%±1.0%仅需约 4 h,这比脱水温度 40℃、50℃时分别减少了 50%和 40%。若继续升高脱水温度至 65℃,物料品质将由于脂质的酸败和营养物质的损失而降低。如采用 75℃对虾脱水,其肌肉蛋白已变性[124, 125];若采用较低的脱水温度则需要较长时间,这将增加物料微生物污染风险。Cen 等[125]报道了长时间脱水会导致 PUFA 减少。因此,采用 HPD 进行耦合脱水的温度确定为 60℃。

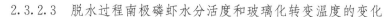

2.3.2.3　脱水过程南极磷虾水分活度和玻璃化转变温度的变化

采用热泵脱水系统(脱水温度60℃)对南极磷虾进行脱水,分析了脱水过程中物料的水分活度(a_w)及玻璃化转变温度(T_g)的变化情况,结果见图2-4。

图2-4显示了水分含量及Aw的关系符合$Y=0.3096\ln X-0.3361$(X表示水分含量;Y表示a_w;$R^2=0.9769$)。Aw是指体系中各种物理、化学或生物反应所能利用的水分,高水分活度有利于生物化学反应和微生物繁殖,食品体系贮藏过程中Aw比水分含量更重要。当水分含量降至40.0%,Aw降至临界点0.801,而Aw低于0.8时,多数微生物不能繁殖[126]。因此,目标物水分含量降至40%后保存运输是合适的。研究表明,降低烤虾Aw可延长储存期[127];此外Aw低于0.75时,南极磷虾中虾青素会更稳定[128]。

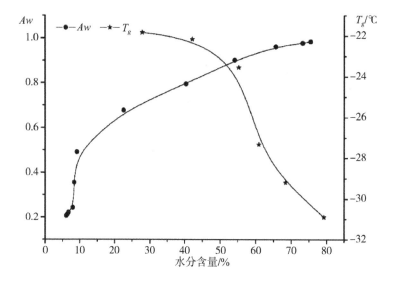

图2-4　不同水分含量南极磷虾的水分活度和玻璃化转变温度
Figure 2-4　Aw and Tg at different moisture content of Antarctic krill

由图2-4可知,物料T_g与水分含量负相关,当物料水分含量由80%降至40%时,其T_g由-31.0℃快速升至-22.2℃;物料水分含量在40%基础上进一步降低时,T_g变小的趋势不大。T_g指体系内水分成为玻璃化状态的温度[129],该温度时体系中的水分子扩散速率极低,物理化学乃至生物反应较难发生,体系处于较为稳定的状态[130]。食物在T_g之下低温保存,可最大程度防止食物劣变[131]。当处理加工物料的温度高于 T_g 时,食品质量会显著下降[132]。因此,降低物料水分至 40% 可快速提高 T_g。相同贮藏效果下,低温冷冻保存时所需温度可适当上升,这意味着能在一定程度上节约能量[113]。

2.3.2.4 不同水分点耦合脱水效果研究

就耦合脱水而言,转换点水分的合理选择和确定显得尤为重要。转换点水分的选择可显著影响物料处理过程的总经济支出和南极磷虾干品及其后续加工的品质。本书分析了不同转换点水分脱水所需总时间和总能量比、脱水后干品的脂质提取率、相应脂质的酸价、虾青素含量等指标,结果见图 2-5、图 2-6 及图 2-7。

冷冻干燥(FD)是食品脱水中成本最高的方式,若前期 HPD 能脱出更多的水分,则总脱水时间和脱水费用就更低(图 2-5)。转换点水分转点由 50%±1% 降至 20%±1%,原料南极磷虾(水分含量 10%±1%)的总脂质提取率由 21.5% 降至 17.0%(图 2-6)。选用南极磷虾脂质中虾青素含量和酸价来表征脂质质量。随着水分转换点的水分含量降低,南极磷虾脂质酸价和虾青素均有不同程度下降(图 2-6、图 2-7)。

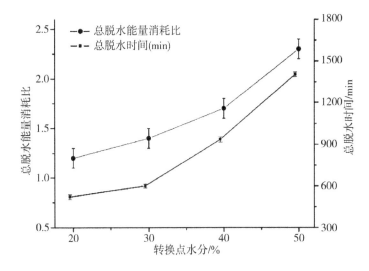

图 2-5 不同水分点条件下南极磷虾耦合脱水消耗的时间和能量对比

Figure 2-5 Comparison of the dehydration time, energy consumption ratio from Antarctic krill dried by combined dehydration with different transition point

南
极
磷
虾
脂
质
制
备
与
评
价

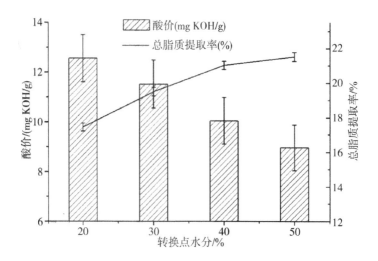

图 2-6 不同水分点条件下南极磷虾耦合脱水
干品制备脂质的总提取率及酸价比较

Figure 2-6 Comparison of the total lipids extraction rate and lipid acid value from Antarctic krill dried by combined dehydration with different transition point

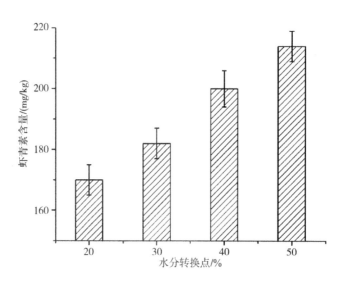

图 2-7 不同水分点条件下南极磷虾耦合脱水
干品制备脂质的虾青素含量比较

Figure 2-7 Comparison of astaxanthin content from Antarctic krill dried by combined dehydration with different transition point

综上,HAD 耦合 FD 的转换水分点为 40% 较为合适。若南极磷虾在船载 HPD 系统作用下水分降低 40%,总重量降低超过 60%,这意味着捕虾船运输效率倍增,运输成本将大幅下降。待运至加工基地进行 FD 至物料水分含量减少至 10%,由于绝大部分水分在第一步脱水时已经去除,后期 FD 所耗费的能量和时间也会大幅下降。

2.3.3 耦合脱水对南极磷虾及其脂质的影响

为了评价耦合脱水对物料的影响,本书对比研究了冷冻干燥(FD)、热泵脱水(HPD)、热风脱水(HAD)、耦合脱水(CD)等对南极磷虾的微观构造、色泽、脱水耗费能量比、脱水耗时,以及脂质提取率、脂质酸价、虾青素含量等指标的影响。

2.3.3.1 不同脱水方式对南极磷虾干品微观构造的影响

不同脱水方式得到南极磷虾干品表面构造 SEM 照片见图 2-8 所示。

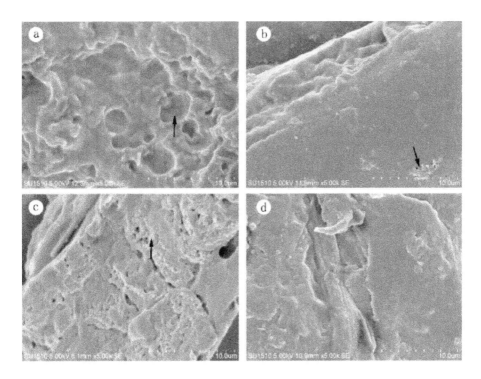

图 2-8　南极磷虾干粉 SEM 照片[(a)耦合脱水;(b)热泵脱水;(c)冷冻干燥;(d)热风脱水]
Figure 2-8　SEM images of samples dried by (a) combined dehydration, (b) heat pump drying, (c) freeze-drying, (d) hot air drying

由图 2-8 可知,FD 处理样品表面微观构造 SEM 照片图 2-8(a)和 CD 处理样品表面微观构造 SEM 照片图 2-8(c)见较多孔洞,这些孔洞可能是由于水分升华所致;不同的是,图 2-8(c)中的孔洞(图中黑色尖头所示)小而致密,图 2-8(a)中的孔洞(图中黑色尖头所示)较大,这些孔洞促进了脂质制备。HPD 处理样品表面微观构造 SEM 图 2-8(b)和 HAD 处理样品表面微观构造 SEM 图 2-8(d)中较少见到孔洞,这与 Karathanos 等[133]的研究结果一致。有研究发现[134],热脱水与冷冻干燥耦合所得的干品质量与 FD 处理所得的干品质量近似。

2.3.3.2 不同脱水方式对南极磷虾干品色泽的影响

进一步研究了不同脱水方式对南极磷虾干品色泽的影响,结果见表 2-3。

表 2-3　不同脱水方式处理的南极磷虾干品色泽

Table 2-3　Antarctic krill color change treated with different dehydration methods

脱水方式	颜色数值		
	L	a	b
耦合脱水	54.10±1.08a	13.86±0.66a	18.36±1.22b
热泵脱水	55.80±1.20a	10.91±1.02c	17.32±1.58b
冷冻干燥	56.85±1.87a	12.62±1.02a	22.38±1.96a
热风脱水	50.36±1.12b	8.99±0.66b	13.07±1.48c

注:含有不同小写字母的数据表示有显著性差异($P<0.05$);L、a、b 分别表示亮度、红值、黄值。

由表 2-3 可知,CD 处理样品、HPD 处理样品及 FD 处理样品具有较为一致的 L 值,而 HAD 处理样品稍暗。FD 处理样品的黄值 b 最高,CD 处理样品与 HPD 处理样品次之,HAD 处理样品最低;就红值 a 而言,HAD 处理样品最低。导致这样结果的一个很可能的原因是在南极磷虾样品脱水处理过程中,由于氧气的存在而发生了 Strecker 降解和有色物质的氧化分解[34, 135],最终导致了 L、a、b 均较低。FD 处理过程基本完全排除了氧气的影响,CD 处理和 HPD 处理过程则部分排除了氧气的影响。

2.3.3.3 南极磷虾耦合脱水效果分析

本书以 FD 处理的各个指标为基数"1",将 CD、HPD 和 HAD 处理样品的相关指标与其进行对比,结果见图 2-9。

由图 2-9 可知,FD 及 CD 处理所得南极磷虾原料均具有较高的脂质提取

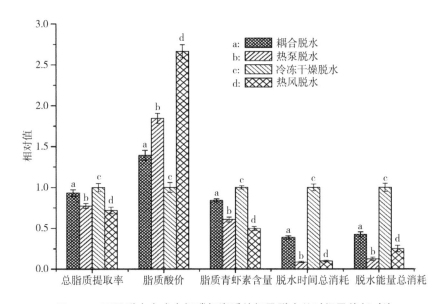

图 2-9　不同脱水方式南极磷虾脂质特征及脱水总时间及能耗对比
Figure 2-9　Overall comparison of lipid properties and the expenditure of energy and time

率,其脂质具有较低的酸价、较高的虾青素含量。与 FD 处理相比,CD 处理可节约 63% 的脱水时间和 50% 的能量消耗。HPD 处理过程和 HAD 处理过程虽然消耗最少的能量和最短的时间,但其最终制备的脂质显著劣变,其酸价也较高。CD 处理南极磷虾干品制备脂质具有较低的酸价是因为 CD 处理过程显著降低了南极磷虾中甘油三酯的水解和氧化程度[136-138],同时由于更少的氧气影响,保留了更多的虾青素。Nielsen 等[41]发现,真空保存增加了南极磷虾干品的稳定性。

综上,本书中 CD 处理的南极磷虾干品总体性质(尤其是脂质提取率及脂质的性质)与 FD 处理所得南极磷虾干品性质近似,该技术在工业上有一定的可行性。

2.3.4　南极磷虾干品(粉)评价体系初探

考虑目前暂无专门的南极磷虾干品(粉)评价方法,本书综合考虑了南极磷虾脱水保存、南极磷虾干品质量及用途、南极磷虾脂质制备及性质等各方面因素,构建了南极磷虾干品评价体系。本评价体系的总体思想是,先根据南极磷虾干品的用途分类,然后根据综合指标进行量化评价。

南极磷虾资源的用途目前主要集中在两块,饲料用干品和提脂(油)用干品。就饲料用南极磷虾干品而言,其蛋白质含量、蛋白的品质是其主要考虑的因素;而就作为脂质分离原料的南极磷虾干品而言,其脂质提取率及脂质的品质则更为重要。因此,在对南极磷虾干品评价的过程中应该充分考虑各自的用途,将各个可能的影响因素量化,并根据其对最终产品的重要性和影响程度确定每个指标在综合评价体系中的权重,采用这样的评价体系得到的指标才能更为客观地表征南极磷虾干品的品质。

针对制备脂质用南极磷虾干品,本书提出以下综合量化评价公式:

$$G = \sum_{n=1}^{k} (F_n \times C_n)$$

式中,G 为总评分;F_n 为关键指标值;C_n 为关键指标权重系数($C_1 + C_2 + \cdots + C_k = 100\%$)。

南极磷虾干品的制备方法和品质在很大程度上决定了脂质性质,因此影响南极磷虾干品品质的各个因素都成了南极磷虾干品质量高低的评价指标。南极磷虾干品(粉)质量评价关键指标及其权重见表2-4。

表2-4 南极磷虾干品(粉)质量评价关键指标及其权重
Table 2-4 Key indicators and its weight of the quality evaluation of Antarctic krill dry products (powder)

	关键指标	说明		权重/%
F_1	南极磷虾脱水总时间	时间越短,评分越高	C_1	15
F_2	南极磷虾脱水总能耗	能耗越低,评分越高	C_2	15
F_3	南极磷虾干品气味	无不良气味,特征风味明显,评分高	C_3	5
F_4	南极磷虾干品色泽	正常色泽为红色,发暗发黑评分低	C_4	5
F_5	南极磷虾干品脂质提取率	提取率越高,评分越高	C_5	30
F_6	南极磷虾脂质酸价	酸价越低,评分越高	C_6	10
F_7	南极磷虾脂质虾青素含量	虾青素含量越高,评分越高	C_7	10
F_8	南极磷虾脂质中 PUFA 含量	PUFA 含量越多,评分越高	C_8	10

南极磷虾脱水耗费的时间和能耗直接关系到后续南极磷虾脂质的提取成本,南极磷虾干品的脂质提取率及其脂质质量是评价的最核心指标,直接关系到作为脂质分离用南极磷虾干品的价值,因此以上 3 个因素各占 30% 权重。南极磷虾脂质品质选用酸价、脂质中 PUFA 含量及脂质中虾青素含量评价,各赋值10%。采用本质量评价体系对 4 种不同方式制备的南极磷虾干品进行综合评价,见表 2-5。

表 2-5　采用本评价体系对不同方式制备南极磷虾干品(粉)进行评价结果
Table 2-5　Quality evaluation of Antarctic krill dry products (powder) by new evaluation system

脱水方式	耦合脱水	冷冻干燥	热风脱水	热泵脱水
$F_1 \times C_1$	10	5	12	15
$F_2 \times C_2$	10	5	13	15
$F_3 \times C_3$	5	5	3	4
$F_4 \times C_4$	5	5	3	4
$F_5 \times C_5$	28	30	20	21
$F_6 \times C_6$	9	10	6	7
$F_7 \times C_7$	9	10	6	7
$F_8 \times C_8$	9	10	9	9
总评分	85	80	72	82

由表 2-5 可知,CD 处理制备南极磷虾干品(粉)的总评分最高,HAD 处理的评分最低,FD 处理与 HPD 处理的评分相当。因此,CD 处理南极磷虾干品(粉)用于南极磷虾脂质的提取具有综合对比优势。

2.4　本章小结

(1)采取低场核磁技术研究了不同脱水方式条件下南极磷虾体系内不同类型水分的迁移规律,发现热泵脱水过程自由水、不易流动水、结合水往外迁移得比较温和和连续;对不同温度的热泵脱水进行了研究,发现热泵脱水温度设定为

60℃具有最佳脱水效率。

（2）采取热泵脱水耦合冷冻干燥对南极磷虾进行脱水比单一脱水方式更具优势,发现水分转换点在40%±1%时可充分发挥两种脱水方式的优点,既可以实现"减重增容增效"的目的,又可以最大程度保留南极磷虾中生物活性成分。

（3）通过不同脱水方式的对比研究,发现耦合脱水在干品颜色、微观构造、脂质提取率,以及脂质性质等方面与完全冷冻干燥相近,在时间和能量消耗上具有一定优势。

（4）采取"先按用途分类,后量化评价"的思路,对制备脂质用南极磷虾干品（粉）的品质进行了评价,发现与真空冷冻干燥、热风脱水以及热泵脱水等单一脱水方式相比,耦合脱水制备的南极磷虾干品（粉）具有比较优势。

>> 第三章

南极磷虾脂质亚临界流体制备研究

3.1 引言

　　提取南极磷虾脂质的原料有新鲜虾、冷冻虾、虾粉,脂质的提取方法主要包括溶剂和无溶剂提取[66,74]。就溶剂提取而言,南极磷虾脂质通常由单一溶剂如丙酮、乙醇或正己烷等提取,但该法存在耗费时间长、效率不高、溶剂污染及物料中生物活性物质易被破坏等缺点,另有研究采取先丙酮后乙醇两步法提取[45,46],但两步法提取耗费时间较长、工业脱溶分离技术成本高。有学者采用超临界 CO_2 夹带 20% 乙醇提取[48],但该方法提取之前需要先干燥,高温可能破坏南极磷虾中热敏成分。超临界流体提取技术也被用于南极磷虾脂质提取[47,139],但超临界设备复杂、费用高。因此,目前亟需寻求一种经济、污染低和对脂质成分破坏性低的提取方法。无溶剂提取酶法也被用于南极磷虾脂质提取[49,140],但酶的高昂价格限制了其在脂质提取中的广泛应用,另外提取水环境中磷脂乳化也导致了较低的提取率。

　　亚临界流体提取技术因其提取时压力低、温度低、效率高、投资低等优点,已被广泛应用于植物脂质[50,51]和动物脂质的提取[52,53]。亚临界流体提取技术应用于南极磷虾脂质提取可最大程度减少氧化,保护 PUFA、虾青素和生育酚等生物活性物质。一些学者应用亚临界萃取方法开展了对南极磷虾磷脂的制备分离研究[141,142]。Xie 等[68]比较研究不同溶剂制备南极磷虾脂质性质时涉及了亚临界丁烷制备,但其分离条件采用了亚临界丁烷萃取小麦胚芽油的条件[143]。

　　本章以耦合脱水制备南极磷虾粉为研究对象,开展了亚临界制备条件的优化研究。比较和选择了合适南极磷虾脂质提取的亚临界流体;分析了亚临界丁烷制备南极磷虾脂质的条件(提取温度、提取次数、单次提取时间、提取压强等)对脂质提取率的影响;采取响应面的方法设计了系列实验,建立了响应曲面和方程,结合实际操作流程需要优化了萃取条件;对比研究了亚临界丁烷、超临界CO_2、普通溶剂正己烷及乙醇提取等制备的南极磷虾脂质。

3.2 材料与方法

3.2.1 实验材料

南极磷虾干品(水分含量 $9.0\% \pm 0.5\%$, w/w)$-40℃$ 保存备用;PL(PC、PE、PI、PS)标准品、27 种脂肪酸,美国 Sigma 公司;其余分析纯试剂,国药集团化学试剂有限公司。

3.2.2 实验仪器

亚临界丁烷提取装置(BE-5L 型),河南亚临界生物技术有限公司;超临界流体萃取设备(HA220-50-06 型),海安华安超临界流体萃取有限公司;旋转蒸发仪,无锡申科仪器厂;高效液相色谱(1260 型,配备蒸发光散射检测器)、气相色谱(7820A 型),美国安捷伦科技公司;振荡摇床,金坛荣华仪器公司;离心机(5810 型),德国艾门德公司;pH 计、分析天平、卤素水分快速测定仪(HB43-S型),瑞士梅特勒-托利多公司;磁力搅拌器,德国 IKA 公司。

3.2.3 实验方法

3.2.3.1 南极磷虾脂质分离方法

采用亚临界流体技术制备南极磷虾脂质。具体如下:将 500 g 南极磷虾粉用布袋封口放入提取罐,抽真空。按照料液比 1 g/5 mL 将亚临界溶剂泵入提取罐,外套热水循环控制提取温度,设定条件提取完成后,将提取混合液导入分离罐减压蒸发分离目标物。多次提取后合并提取物,离心过滤称重。亚临界流体萃取设备的示意图见图 3-1。

超临界 CO_2 制备操作如下:将样品 100 g 加入萃取罐,泵入超临界流体CO_2,控制提取压力 35 MPa、提取温度 45℃,提取 120 min。设定条件提取完成

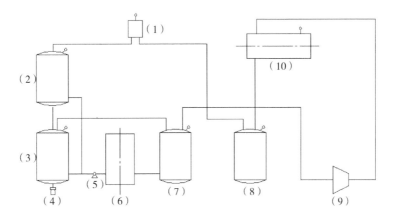

注:(1)为溶剂罐、(2)为萃取罐、(3)为分离罐、(4)为收集器、(5)为热交换泵、(6)为热水罐、(7)为缓冲罐、(8)为溶剂回收罐、(9)为压缩机、(10)为冷凝器。

图 3-1　亚临界流体萃取设备示意图
Figure 3-1　Schematic diagram of subcritical fluid extraction

后,将提取混合液导入分离罐减压蒸发分离目标物。离心过滤称重。采用普通溶剂(正己烷、乙醇)制备南极磷虾脂质,具体条件为:将物料 100 g 加入溶剂 500 mL 中,提取温度 45℃,提取 120 min。提取完成后经旋转蒸发去除溶剂,得到目标物南极磷虾脂质,然后离心过滤称重。

3.2.3.2　南极磷虾脂质分离效率计算

南极磷虾脂质分离效率按照如下公式计算:

$$N = \frac{m_1}{m_0} \times 100\%$$

式中,m_1 为单位质量原料按照实验描述的方法制备脂质的质量(g);m_0 为单位质量原料按照 Folch 方法[144]制备脂质的质量(g);N 为脂质提取效率(%)。

3.2.3.3　南极磷虾脂质酸价及过氧化值测定

南极磷虾脂质酸价(AV)按照 2.2.3.7 节描述的方法操作。南极磷虾脂质的过氧化值(POV)按照 AOCS Cd 8-53 方法[145](稍有改动)操作。具体为:取南极磷虾脂质 1.0 g 溶入 6 mL 乙酸/氯仿溶液(3:2,V/V)中,加入饱和碘化钾溶液 0.1 mL、蒸馏水 6 mL 混匀。然后,用 0.1 N 硫代硫酸钠溶液滴定至黄色消失,随即立即加入淀粉指示剂(0.4 mL)摇晃,再次滴定直至蓝色消失。同步

进行对照空白实验。POV 值表示 1000 g 样品中过氧化毫克当量,其计算公式为:

$$POV = \frac{(A - B) \times N \times 1\,000}{M}$$

式中,A 为样品滴定所消耗硫代硫酸钠的体积(mL);B 为空白实验所消耗的硫代硫酸钠的体积(mL);N 为硫代硫酸钠浓度(mol/L);M 为样品质量(g)。

3.2.3.4　南极磷虾脂质中磷脂成分检测

PL 定量分析。样品制备参考 Avalli 等[146]的方法,取南极磷虾脂质 1.0~2.0 g 加入氯仿/甲醇溶液(2∶1,V/V)中振荡充分溶解,上硅胶柱(50 cm×2.1 cm)。先用正己烷淋洗,后分别用正己烷/乙醚溶液(8∶2,V/V)、(1∶1,V/V)洗脱样品中非极性脂质。然后采用氯仿/甲醇溶液(2∶1,V/V)洗脱极性 PL,收集旋干后用氯仿/甲醇溶液(2∶1,V/V)定容至 5 mL,过 0.22 μm 膜待用。

HPLC 分析检测参考 Jiang 等[147]的方法,采用 Agilent 1100 高效液相色谱仪分析。HPLC 的条件为:色谱柱 Agilen ZORBAX RX‐SIL(4.6 mm×250 mm,5 μm),柱温 35℃,流速 1.0 mL/min;流动相 A:10 mmol/L 醋酸铵/异丙醇溶液(1∶2,V/V);流动相 B:正己烷;流动相 C:异丙醇;梯度洗脱。不同 PL 含量根据其标准品所对应的标准曲线计算。

3.2.3.5　南极磷虾脂质中脂肪酸组成分析

按照 2.2.3.9 节描述的方法操作。

3.2.3.6　南极磷虾脂质中虾青素及维生素含量分析

南极磷虾脂质中虾青素含量测定方法同 2.2.3.9 节。南极磷虾脂质中 V_E 含量据 Plozza 等[148]的方法(稍有改变)测定。具体如下:将待测样品 1.0 g 加入 30 mg 抗坏血酸,再加入 2 mol/L KOH‐乙醇溶液 10 mL,在 60℃下皂化 60 min,冷却后加入 5 mL 浓度 0.01 mg/mL 的丁基羟基甲苯(BHT)正己烷溶液提取不皂化物,重复 3 次。合并提取液并浓缩,用正己烷定容至 10 mL 备用,以上在避光通风橱内操作。

HPLC 的条件为:HPLC(LC-20AT,岛津)配备紫外检测器(SPD-20A,岛津),C18 柱(5 μm,4.6 mm×250 mm),进样量 10 μL,流动相甲醇,流速 1.0 mL/min,在波长 295 nm 和 325 nm 处分别检测 α-、β-、γ-、δ-V_E 及 V_A,按照标准品在同等条件下液相图谱的保留时间和相对峰面积计算含量。

3.2.3.7　HS-SPME-GC-MS 分析

采用顶空固相微萃取和气相色谱-质谱/质谱（HS-SPME-GC-MS）来检测南极磷虾脂质挥发性成分。取南极磷虾脂质 10.0 g 封闭于 25 mL 顶空瓶中，以封口膜密封。

HS-SPME 过程。首先，对固相萃取柱（DVB/CAR/PDMS，50/30 μm）预处理，将萃取装置上萃取柱插入 GC 进样口，270℃下老化 30 min，载气为氦气，流量 1.0 mL/min；然后，将萃取柱插入装有待测样品的顶空瓶上层，在 70℃下振荡吸附 30 min，随即将萃取柱插入 GC 进样口并在 250℃下解吸 5 min，然后进行 GC-MS 分析。

GC/MS 分析。GC 的条件为：HP-5MS 毛细管柱（长 30 m，内径 0.25 mm），以 99.99%氮气为载气，设定流速 1.0 mL/min；按照以下程序升温：45℃保持 2 min，先以 3℃/min 的速度升至 130℃，然后以 10℃/min 的速度升至 240℃保持 8 min；MS 的条件为：电子轰击离子源，离子源温度 250℃，电子能量 70 eV，碎片扫描范围32～560 m/z。未知的化合物经过计算机谱图库 NIST、WILEY 检索定性分析确认，根据相对峰面积进行相对定量计算。

3.2.4　统计学分析

本章实验采用同一批次原料重复进行 3 次，使用 SPSS 18.0 软件进行方差分析（ANOVA），结果以"平均值±标准差"（SD）表示，$P<0.05$ 时具有统计学差异。采用 Origin 8.0 软件进行动力学曲线拟合，采用 Design-Expert 7.0 软件进行响应面设计及分析。

3.3　结果与讨论

3.3.1　不同亚临界流体对南极磷虾脂质分离研究

不同的亚临界流体具有不同的性质和适用范围，目前较为常用的亚临界流体为丙烷、丁烷、二甲醚、四氟乙烷以及液氨[149]。其中，液氨有强烈刺激性气味、而二甲醚具有较强的脱水作用而不适合南极磷虾脂质的分离。考虑已有研究基础，本书选用四氟乙烷（R134a）、丙烷、丁烷等对南极磷虾脂质的分离效果进行

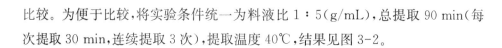

比较。为便于比较,将实验条件统一为料液比 1∶5(g/mL),总提取 90 min(每次提取 30 min,连续提取 3 次),提取温度 40℃,结果见图 3-2。

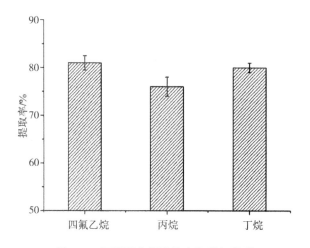

图 3-2　不同亚临界流体南极磷虾脂质
Figure 3-1　Schematic diagram of subcritical fluid extraction

由图 3-2 可知,几种亚临界流体对南极磷虾脂质的分离效率,四氟乙烷萃取与丁烷萃取无统计差别($P < 0.05$),均高于丙烷萃取。考虑到四氟乙烷价格远高于丁烷[149],食品安全国家标准 GB 2760—2014 规定丁烷在常温常压下为无色气体,临界温度为 151.9℃,临界压力为 3.79 MPa,20℃ 临界压力仅为 0.23 MPa,可用于食品加工用工业助剂。实际应用中丁烷也被认为是安全的[150]。因此,本书选用丁烷作为亚临界流体萃取南极磷虾脂质的溶剂。

3.3.2　亚临界丁烷不同提取条件对南极磷虾脂质提取的影响

提取温度、提取压力、提取时间(单次提取次数及单次提取时间)等条件是亚临界丁烷分离提取南极磷虾脂质过程中可以控制的条件,为此进行了以下单因素实验,以期发现不同因素对南极磷虾脂质提取效率的影响。

在温度 40℃、单次提取 30 min、提取压力 1.0 MPa 情况下,考察不同提取次数对南极磷虾脂质提取的影响。如图 3-3 所示,随着提取次数的增加,提取率呈增加趋势。从提取 1 次增至 4 次,提取率增加至 80.67%;从提取 4 次增至 6 次,动态提取时间由 120 min 增至 180 min,提取率基本不变。

在温度40℃、提取压力1.0 MPa、提取4次的情况下,考察单次提取时间对南极磷虾脂质提取的影响。如图3-4所示,随着单次提取时间的增加,提取率呈增加趋势。当单次提取时间由10 min增至30 min时,提取率快速增至78.92%。随后单次提取时间逐渐增加至50 min,提取率增加并不明显。提取次数和单次提取时间关联度较大,从图3-3和图3-4中可以看出,动态提取120 min,绝大部分脂质均被提取出来。若减少提取次数,增加单次提取时间,由于脂质在溶剂中有一个饱和度,其效果不如更换新溶剂进行提取。

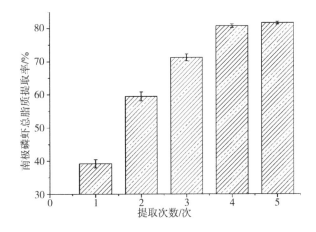

图3-3　提取次数对南极磷虾脂质提取率的影响

Figure 3-3　Effectof extraction frequencyon the extraction rate of Antarctic krill lipid

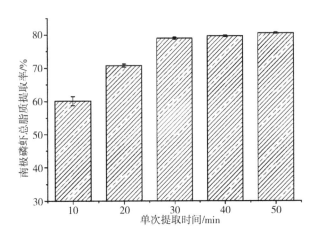

图3-4　单次提取时间对南极磷虾脂质提取率的影响

Figure 3-4　Effectof extraction time per timeson the extraction rate of Antarctic krill lipid

在压力 1.0 MPa、动态提取时间 120 min（单次提取 30 min，提取 4 次）条件下，考察不同温度对南极磷虾脂质提取的影响。如图 3-5 所示，随着温度升高，脂质提取率呈现增加趋势。当温度由 30℃升至 40℃时，提取率迅速增加至79.70％，继续升高温度，提取率基本保持不变。这是由于提取温度的升高提高了亚临界丁烷的挥发性和扩散系数，可更好溶解脂质，从而增加了提取率；但在其他因素如压力、提取时间、提取次数不变的情况下，温度升高，丁烷分子运动加速导致了其密度有所降低，对提取率有负面影响。

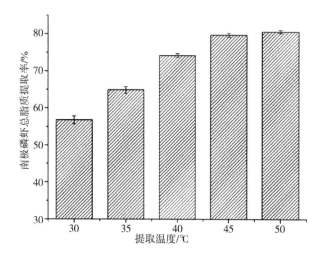

图 3-5　提取温度对南极磷虾脂质提取率的影响

Figure 3-5　Effectof extraction temperature on the extraction rate of Antarctic krill lipid

在提取温度 40℃、动态提取时间 120 min（单次提取 30 min，提取 4 次）条件下，考察不同压力对南极磷虾脂质提取的影响。如图 3-6 所示，随着提取压力增大，脂质提取率呈增加趋势。提取压力由 0.6 MPa 升高至 1.0 MPa 时，脂质提取率迅速增加，但是当压力继续增加时提取率基本不变化。这是因为亚临界状态下丁烷扩散性高，黏度低，利于提取，但压力增大达到一定值后，萃取罐内溶剂与溶质作用趋于平衡，提取率不再增加。但更高的提取压力也就意味着更多的能量消耗，会增加整套提取设备的运行成本。

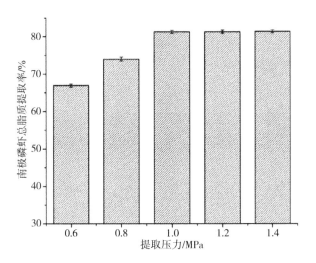

图 3-6　提取压力对南极磷虾脂质提取率的影响

Figure 3-6　Effectof extraction pressureon the extraction rate of Antarctic krill lipid

通过单因素实验发现,亚临界丁烷提取南极磷虾脂质的提取条件(如提取总时长、提取温度、提取压力)均能不同程度地对南极磷虾总脂质分离效率产生影响。其中,单次提取次数和单次提取时间具有关联性,提取温度对提取率的影响较为明显,而提取压力对提取率的影响不明显。此外,亚临界丁烷萃取中温度是一个关键因素,不仅关系到对目标物中热敏性成分的影响,而且还与萃取装置运行压力紧密相关。

3.3.3　南极磷虾脂质亚临界流体萃取动力学研究

脂质的萃取过程可以用传质模型分解为 3 个步骤[151]:(1)溶剂浸润油料并浸润到内部,表面和内部油脂溶于溶剂中;(2)物料内外溶有脂质的溶剂形成了浓度差,油脂由内往外扩散;(3)物料表层溶脂质穿透表面界面往外扩散。在实际脂质萃取过程中,以上 3 个步骤连续进行,相互联系、相互促进、相互制约。步骤(1)和(2)是分子扩散,可用 Fick 定律描述[152]:

$$J = \frac{\mathrm{d}m}{\mathrm{d}F \cdot \mathrm{d}t} = -D\frac{\mathrm{d}c}{\mathrm{d}x} \tag{3-1}$$

式中,J 代表扩散通量[Diffusion flux, kg/(m² · s)];dm 代表扩散物质的传质

量(kg)；c 为扩散物质的体积浓度(kg/m^3)；dF 为扩散面积(m^2)；D 为扩散系数(m^2/s)；dc/dx 为垂直于扩散方向上的截面梯度浓度；t 为扩散时间；负号"—"表示扩散方向与浓度梯度方向相反。

物质内部结构、脂质及溶剂等性质以及物质内外溶有脂质溶剂的浓度梯度是这两个步骤的关键因素。步骤(3)以对流扩散为主，也有分子扩散。分子扩散还可以用上述 Fick 公式计算，对流扩散则可以用下列方程描述：

$$dm = -\beta \cdot dF \cdot dt \cdot dc \tag{3-2}$$

式中，β 为对流扩散系数；dc 为浓度差；t 为扩散时间。

对流扩散需要外界提供能量[142]。南极磷虾油脂亚临界流体萃取过程中，提取温度和压力能为对流扩散提供能量。实际的油脂萃取过程属于非稳态扩散过程，南极磷虾粉中的脂质浓度会随着提取时间的延长不断下降，该过程可以用 Fick 第二定律来描述：

$$\frac{\partial c}{\partial t} = \frac{\partial}{\partial x}\left(D\frac{\partial c}{\partial x}\right) \tag{3-3}$$

式(3-3)中扩散系数 D 与溶质的体积浓度没有相关性，因此可将其改写成：

$$\frac{\partial c}{\partial t} = D\frac{\partial^2 c}{\partial x^2} \tag{3-4}$$

式(3-3)和式(3-4)中，c 表示溶质的体积浓度(kg/m^3)；t 为扩散时间(s)；x 为距离(m)。为方便求解，将脂质的扩散过程做了系列理想化假设[153]，如脂质是沿圆形颗粒的径向扩散的、物料内部非常均匀且各向相同、扩散系数恒定、扩散体系温度均一等。运用傅里叶变换及热质类比法，在特定初始和边界条件下可求出方程(3-4)的解。南极磷虾粉为近圆球形颗粒，扩散方程的解析解可表达为

$$\frac{C-C_e}{C_0-C_e} = \frac{6}{\pi^2}\sum_{n=0}^{\infty}\left[n^{-2} \cdot e^{-(n\pi)^2\frac{Dt}{R^2}}\right] \tag{3-5}$$

式中，C_0、C、C_e 分别为油脂萃取初始时间、任意时间和达到平衡时间溶质在溶剂中的平均含量(kg/kg)；D 为扩散系数；R 为球形油料颗粒半径。在实际计算过程中可将方程简化为[154]

$$\frac{C - C_e}{C_0 - C_e} = \frac{6}{\pi^2}\, \mathrm{e}^{-\pi^2 \frac{Dt}{R^2}} \qquad (3\text{-}6)$$

式(3-5)中,D 为萃取过程平均扩散系数。为使方程简化,将方程进行变量替代,设 $Q = \dfrac{C - C_e}{C_0 - C_e}$,$Y = \dfrac{C_e - C}{C_e - C_0}$,则式(3-6)可表示为

$$Y = 1 - Q = 1 - A\,\mathrm{e}^{-Bt} \qquad (3\text{-}7)$$

式中,Q 为相对萃余率;Y 为相对萃取率;t 为萃取时间;A 为萃取条件和原料性质等因数相关的平衡常数 $\dfrac{6}{\pi^2}$;B 为原料特性和扩散系数相关的传质系数 $\pi^2\dfrac{D}{R^2}$。

从南极磷虾干粉中萃取南极磷虾脂质的过程是一个渐稳过程,物料中的脂质含量会随着提取时间的增加而逐渐降低,同时溶剂中脂质的含量会不断上升,最终物料中与溶剂中的脂质含量会达到动态平衡。由图 3-3 和图 3-4 可知,在同一萃取压力和萃取温度条件下,随着萃取时间延长,脂质提取率均不断增加。将不同温度、不同萃取压力条件下南极磷虾脂质提取率的数据及达到萃取平衡时的脂质最大提取率数据采用数据分析软件进行拟合,结果见图 3-7。

由图 3-7 可知,随着提取温度和提取压力的增加,脂质提取率初期迅速上升,溶质(脂质)在溶剂中溶解平衡后便不再继续增加。拟合曲线可用以下方程表示:

$$y = y_0 + \frac{a}{w\ \sqrt{\pi/2}}\,\mathrm{e}^{-2\frac{(x - x_c)^2}{w^2}} \qquad (3\text{-}8)$$

为使方程简化,将方程进行变量替代,常量为 A 和 B,则方程(3-8)可以表示为

$$Y = Y_0 + A\,\mathrm{e}^{-B} \qquad (3\text{-}9)$$

式中,Y 为提取率;X 为提取压力或提取温度;A 为与提取条件和原料性质等因数相关的平衡常数;B 为与原料特性和扩散系数相关的传质系数。

方程(3-9)与由 Fick 定律推导而来的方程(3-6)具有一致性,说明亚临界丁烷分离制备南极磷虾脂质的过程符合 Fick 定律,在固定其他分离条件的情况下,单个提取因素影响的总脂质提取率可以采用方程(3-8)进行预测。此外,亚

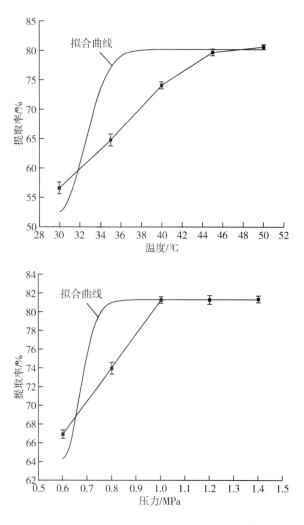

图 3-7 提取温度和压力与脂质提取率的关系及其拟合曲线
Figure 3-7 Relationship between extraction temperature/pressure and
lipid extraction rate and its fitting curve

临界丁烷萃取时温度和压力具有相关性。温度越高,整个系统中的压力就越大。
压力增加对设备和操作人员的要求就越高,在脂质分离过程中,要兼顾提取效率
和目标物的质量。因此,需要综合考虑不同分离条件对脂质分离带来的综合
影响。

3.3.4　亚临界丁烷分离南极磷虾脂质条件响应面优化

以提取时间(X_1)、提取温度(X_2)、提取压力(X_3)为自变量,采用响应面法(RSM)优化亚临界丁烷制备南极磷虾脂质工艺。实验设计见表 3-1,试验结果见表 3-2,南极磷虾脂质提取率为 68.94%~81.33%。

表 3-1　实验因素水平及编码

Table 3-1　Experimental factor level and coding

变量	水平		
	提取时间 X_1/min	提取温度 X_2/℃	提取压力 X_3/MPa
−1	80	30.0	0.8
0	120	40.0	1.0
1	160	50.0	1.2

表 3-2　响应面实验设计及结果

Table 3-2　Scheme and result of response surface design

实验号	X_1	X_2	X_3	Y
1	80	40	1.2	75.54
2	160	40	1.2	81.33
3	120	30	1.2	75.86
4	80	50	1.0	74.56
5	80	30	1.0	68.94
6	120	40	1.0	80.08
7	80	40	0.8	72.18
8	120	40	1.0	81.22
9	120	50	1.2	80.04
10	160	30	1.0	79.24
11	120	40	1.0	80.84
12	120	40	1.0	80.84

续表

实验号	X_1	X_2	X_3	Y
13	120	50	0.8	79.28
14	120	30	0.8	77.25
15	160	50	1.0	81.13
16	160	40	0.8	81.22
17	120	40	1.0	80.78

3.3.4.1 数学模拟

利用 Design Expert 7.0 软件对表 3-2 数据进行分析，得到南极磷虾脂质提取率 $Y(\%)$ 对提取总时间(A，提取总时间为单次提取时间乘提取次数）、提取温度(B)、提取压力(C)的二次多项式回归方程如下：

$$Y(\%) = 80.75 + 3.96X_1 + 1.72X_2 + 0.36X_3 - 0.93X_1X_2 - 0.81X_1X_3$$
$$+ 0.54X_2X_3 - 2.66X_1{}^2 - 2.12X_2{}^2 - 0.52X_3{}^2$$

对二次回归模型方程进行微分求解得到亚临界丁烷制备南极磷虾脂质的最佳工艺条件为：42.07℃、1.08 MPa 条件下提取 132.74 min，南极磷虾脂质最高提取率可达 81.95%。

对该模型进行显著性检验和方差分析，结果见表 3-3。

表 3-3 回归模型方差分析
Table 3-3 ANOVA of extraction factors on the lipid recovery

方差来源	平方和	自由度	均方差	F 值	P 值
模型	211.51	9	23.50	46.74	<0.000 1
A	125.61	1	125.61	294.82	<0.000 1
B	23.53	1	23.53	46.80	0.000 2
C	1.01	1	1.01	2.01	0.199 7
AB	3.48	1	3.48	5.25	0.033 9
AC	2.64	1	2.64	1.80	0.055 7
BC	1.16	1	1.16	2.30	0.173 3
A^2	29.84	1	29.84	59.35	0.000 1

续表

方差来源	平方和	自由度	均方差	F 值	P 值
B^2	18.96	1	18.96	37.72	0.000 5
C^2	1.15	1	1.15	2.28	0.174 5
残差	3.52	7	0.50		
失拟项	2.83	3	0.94	5.50	0.066 6
净误差	0.69	4	0.17		
总离差	215.03	16			
变异系数 C. V. ‰	0.91		决定系数 R^2		0.962 6

3.3.4.2　方差分析

由表 3-3 可知,本实验所选模型 $P<0.000\,1$,表明回归模型极其显著。失拟项 P 值为 $0.0666(>0.05)$,表明模型纯误差不显著,可以用来分析和预测南极磷虾脂质的提取工艺。该模型一次项 A、B 极其显著($P<0.01$),二次项 A^2、B^2 显著,交互项 AB 显著($P<0.05$)。由方差分析可知,回归模型的决定系数 R^2 为 0.962 6, R^2 越接近 1,说明该模型能够越好地描述试验结果。变异系数 C. V. ‰为 0.91(小于 10),变异系数越小则说明实验结果越可靠,实验结果也就越精密[155]。

3.3.4.3　交互作用

亚临界丁烷制备南极磷虾脂质不同工艺条件的响应面曲面图及等高线图见图 3-8、图 3-9 及图 3-10。在响应面曲面图形中,凸凹的程度可以表征不同因素对响应值的影响大小。在等高线图中,椭圆形或鞍马形代表两个因素的交互作用显著,而圆形则表示这两个因素的交互作用不显著[155]。

由图 3-8 的响应曲面图可以看出,随着提取时间的延长,脂质提取率总体呈升高趋势,前段升高快,后期平缓。而随着提取温度的上升,提取率呈现出先增高后稍有下降的趋势,当提取温度在 40℃～50℃时,脂质提取率达到最高。交互作用等高线呈椭圆形,表明提取时间和提取温度两个因素交互作用显著。

由图 3-9 的响应曲面图可以看出,随着提取时间的延长,脂质提取率总体呈升高趋势,前段升高快,后期升高平缓。随着提取压力上升,提取率呈现缓慢上升趋势。交互作用等高线呈椭圆形,表明提取时间和提取压力两个因素交互作用显著。

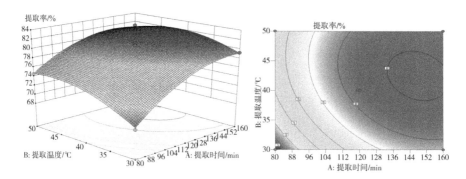

图 3-8 提取时间和提取温度对提取率的响应曲面图和等高线图

Figure 3-8 Response surface plots and contour plots showing the effects of extraction time and temperature

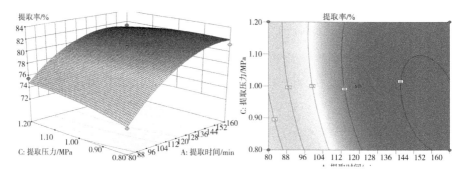

图 3-9 提取压力和提取时间对提取率的响应曲面图和等高线图

Figure 3-9 Response surface plots and contour plots showing the effects of extraction pressure and time

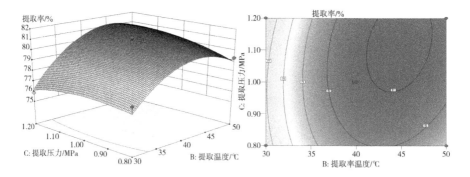

图 3-10 提取温度和提取压力对提取率的响应曲面图和等高线图

Figure 3-10 Response surface plots and contour plots showing the effects of extraction temperature and pressure

由图 3-10 的响应曲面图可以看出,随着提取温度的上升,脂质提取率呈现先升高后降低的趋势。而随着提取压力上升,提取率呈现缓慢上升趋势。交互作用等高线呈椭圆形,表明提取时间和提取压力两个因素交互作用显著。综上,提取时间对亚临界丁烷制备南极磷虾脂质的提取率的影响最大,提取温度次之,提取压力影响最小。

3.3.4.4 模型参数及验证

为检验响应面模型所得结果的可靠性,采用模型优化的实验条件进行验证性实验。结合实验实际操作将条件进行修正,控制在 40℃、1.0 MPa 条件下动态提取 120 min,重复进行 3 次验证实验。实验结果显示,南极磷虾脂质的提取率为 81.2%±0.4%,接近本模型预测值。因此,响应面实验被认为是精确的、可以信赖的。通过响应面实验结果与相关文献报道的对比,发现本研究创建的亚临界丁烷分离制备南极磷虾脂质技术能够在较低的操作温度、相对密闭的环境中分离目标物。另本实验条件与邢要非等[156]亚临界丁烷制备棉籽油、刘日斌等[157]亚临界丁烷制备芝麻油、马燕等[158]亚临界丁烷制备杏仁油的提取条件较为相近。

3.3.5 亚临界丁烷较佳条件分离脂质比较研究

为检验南极磷虾脂质的性质,选用低温制备工艺超临界 CO_2 萃取及普通溶剂等,分别从提取条件及提取率、脂质的 AV、POV、PL 含量及组成、脂肪酸特征、虾青素含量及 V_E 含量及特征性挥发性物质等方面进行比较。

3.3.5.1 南极磷虾脂质提取条件及提取率的比较

南极磷虾脂质不同提取方式的提取条件和提取率见表 3-4。

表 3-4 不同制备方法提取条件和提取率
Table 3-4 Extraction conditions and lipid recovery of different methods

提取方法	提取条件			脂质提取率/%
	温度/℃	压力/MPa	时间/min	
亚临界丁烷	40	1.0	120	81.2±1.5b
超临界 CO_2	40	35.0	120	67.8±1.5c
正己烷	40	0.1	120	70.0±1.2c
乙醇	40	0.1	120	88.1±1.7a

注:含有不同小写字母的数据表示有显著性差异($P<0.05$)。

由表3-4可知,普通溶剂制备南极磷虾脂质工艺均在一个标准大气压下进行,而亚临界丁烷和超临界CO_2都是加压状态下萃取。不同的提取方法下,乙醇提取工艺的提取率最高达到了88.1%;其次是亚临界丁烷提取方式,其脂质提取率约81.2%;超临界CO_2与正己烷萃取方式提取率约70%,两者无显著性差异。尽管乙醇提取率最高,但在乙醇脱溶环节会有高温的影响,热敏性成分更容易受到影响。Illés等[159]发现亚临界流体的溶解能力要高于超临界CO_2,这可能是亚临界流体比超临界CO_2具有更高萃取能力的原因。Ali-Nehari等[47]报道了超临界CO_2的提取率要低于普通溶剂正己烷,与本书结果一致。

3.3.5.2 南极磷虾脂质性质及组成比较研究

脂质中的AV和POV可以分别表征南极磷虾脂质被水解和被氧化的程度,进而反应南极磷虾脂质品质,不同提取方式得到的南极磷虾脂质的AV和POV见图3-11。

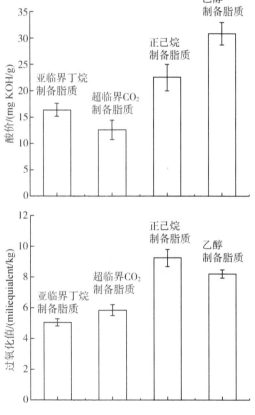

图 3-11 不同提取方式制备南极磷虾脂质 AV 和 POV 比较
Figure 3-11 Comparison of acid values and peroxide values of the lipids

本书比较了不同批次南极磷虾所制备的脂质的 AV 和 POV,发现 AV 均较大,这可能是原料在储藏和运输过程中,部分脂质被氧化成了自由脂肪酸的缘故[136,160]。采用同一批次南极磷虾原料开展实验发现,亚临界丁烷制备南极磷虾脂质具有相对较低的 AV 和最低的 POV。亚临界丁烷和超临界 CO_2 低温制备的南极磷虾脂质具有较低的 AV 和 POV;随着制备温度的上升,正己烷或乙醇等普通溶剂制备的南极磷虾脂质的 AV 和 POV 均呈上升趋势,其中乙醇制备南极磷虾脂质具有最高的 AV,正己烷制备南极磷虾脂质的 POV 最高。Ali-Nehari 等[47]发现,超临界 CO_2 制备南极磷虾脂质比正己烷制备南极磷虾脂质的 AV 和 POV 都要低。

不同提取方式制备对南极磷虾脂质中 PL 含量及组成也有影响,具体见表 3-5。

表 3-5 不同提取方式制备南极磷虾脂质中磷脂含量及组成比较
Table 3-5 PLs (g)/100 g Lipid and PLs fraction (g)/100 g PLs [% (*w/w*)]

提取方式	PL 含量/(g/100 g)	PC/%	PE/%	PI/%	PS/%
亚临界丁烷	28.7±1.4b	66.1±1.6b	18.8±1.2b	6.4±0.7b	ND
超临界 CO_2	18.1±0.8c	62.2±1.9b	20.6±1.1b	10.7±0.3a	ND
正己烷	16.5±0.4c	56.3±1.8c	26.5±1.3a	7.2±0.3b	ND
乙醇	34.5±1.2a	76.6±1.4a	12.9±0.9c	5.8±0.2b	ND

注:含有不同小写字母的数据表示有显著性差异($P < 0.05$);ND 表示未检出;PC:磷脂酰胆碱;PE:磷脂酰乙醇胺;PI:磷脂酰肌醇;PS:磷脂酰丝氨酸。

由表 3-5 可知,亚临界丁烷制备的南极磷虾脂质中 PL 含量高于超临界 CO_2 和正己烷制备的南极磷虾脂质中 PL 的含量,但低于乙醇制备的南极磷虾脂质中 PL 的含量。4 组样品的 PL 中 PC 含量均超过了 50%,最高的乙醇分离制备的脂质 PL 中 PC 占比达 76.6%。这也说明了南极磷虾磷脂的主要成分是 PC。PS 未被检出,这可能与 PS 易分解有关[161]。

不同提取方式对制备南极磷虾脂质脂肪酸种类及丰度也有一定影响,具体见表 3-6。

表 3-6　不同工艺制备的南极磷虾脂质脂肪酸种类及丰度

Table 3-6　Fatty acid (FA) composition (% total FA) of Antarctic krill lipids

FA	亚临界丁烷	超临界 CO_2	正己烷	乙醇
C14:0	8.82±0.22c	9.36±0.24b	9.87±0.08a	9.77±0.12ab
C16:0	21.33±0.32b	21.84±0.25b	21.13±0.30b	23.62±0.18a
C16:1	4.01±0.06b	3.67±0.02c	3.74±0.06c	4.45±0.10a
C17:0	2.74±0.24b	1.75±0.12d	2.53±0.15c	3.03±0.24a
C18:0	0.54±0.01c	1.27±0.03b	1.56±0.06a	0.60±0.02c
C18:1	17.93±1.02b	17.38±1.26b	17.71±1.31b	19.86±1.42a
C18:2	2.28±0.05b	2.03±0.04c	2.19±0.06b	2.53±0.02a
C20:0	3.81±0.23b	3.93±0.15b	3.72±0.36b	4.22±0.22a
C20:1	8.68±0.80b	8.96±0.92b	8.52±0.88b	9.62±0.94a
C20:5 (EPA)	17.66±1.02b	18.47±1.28b	17.59±1.36b	19.56±1.22a
C22:6 (DHA)	12.19±1.33ab	11.33±1.02b	11.44±1.82b	13.50±1.14a
EPA+DHA	29.85±1.92b	29.81±1.68b	29.03±1.72b	33.06±1.78a

注:含有不同小写字母的数据表示有显著性差异($P<0.05$)。

由表 3-6 可知,不同工艺制备南极磷虾脂质的脂肪酸组成比较相似,其主要脂肪酸均为 C14:0(8.82%～9.77%)、C16:0(3.67%～4.45%)、C18:1(17.38%～19.86%)、C20:1(8.62%～9.62%)、C20:5(EPA,11.33%～13.50%)和 C22:6(DHA,29.81%～33.06%),这与目前一些研究相似[66, 162]。显然,ω-3PUFA 是南极磷虾脂质中最为丰富的脂肪酸。亚临界丁烷、超临界 CO_2、正己烷制备的南极磷虾脂质中 EPA/DHA 含量无显著差异,均低于乙醇制备的南极磷虾脂质中 EPA/DHA 含量。这个结果与南极磷虾脂质中 PL 含量(表 3-5)规律一致,同时本结论与 Gigliotti 等[66]和 Zhao 等[74]的实验结果一致。一个可能的解释是 EPA/DHA 更倾向于与 PL 结合而不是与 TAG 结合,而乙醇制备南极磷虾脂质中 PL 含量要相对较高。

3.3.5.3　南极磷虾脂质虾青素、维生素 A(V_A)及维生素 E(V_E)比较研究

虾青素和维生素是南极磷虾脂质中的天然抗氧化剂,其含量可表征南极磷虾脂质被氧化的程度[163, 164]。不同工艺制备的南极磷虾脂质中虾青素及维生素含量结果见表 3-7。

表 3-7 不同工艺制备的南极磷虾脂质中虾青素及维生素含量

Table 3-7 Astaxanthin and vitamin content of Antarctic krill lipids

天然抗氧化物质/(mg/kg)	亚临界丁烷	超临界 CO_2	正己烷	乙醇
虾青素	248.4±5.2a	262.2±6.2b	204.2±7.2c	197.1±3.4c
V_A	2.4±0.3a	2.0±0.2c	2.2±0.2a	1.5±0.3b
V_E	67.7±3.2a	21.6±2.4b	44.8±1.5b	31.5±2.5d
α-生育酚	55.8±3.2a	19.0±2.2b	32.3±1.3c	23.8±3.2d
β-生育酚	ND	ND	ND	ND
γ-生育酚	11.9±3.2a	2.5±0.2b	12.5±0.3b	7.8±0.8c
δ-生育酚	ND	ND	ND	ND

注:含有不同小写字母的数据表示有显著性差异($P<0.05$);ND:未检出。

由表 3-7 可知,亚临界丁烷制备的南极磷虾脂质中虾青素含量与超临界 CO_2 制备的南极磷虾脂质中虾青素含量接近,均高于普通溶剂制备的南极磷虾脂质中虾青素含量。Ali-Nehari 等[47]发现,超临界 CO_2 制备的南极磷虾脂质比普通溶剂制备的南极磷虾脂质因具有更高含量虾青素而具有更好的氧化稳定性。翁婷[165]采用超临界 CO_2 提取的南极磷虾脂质中虾青素含量为 48 mg/kg。徐晓斌[166]以 95%乙醇和无水乙醇分别制备的南极磷虾脂质中虾青素含量介于 177~375 mg/kg。本结果低于无水乙醇提取脂质中虾青素含量,高于超临界 CO_2 和 95%乙醇提取的脂质中虾青素含量,这可能是因为虾青素含量不仅与水分相关,而且与脂质中 PL 的含量密切相关。

亚临界丁烷制备的南极磷虾脂质含有最丰富的 V_E(67.7 mg/kg),并检测出了 α-生育酚和 γ-生育酚,其含量分别为 55.8 mg/kg 和(11.9±3.2) mg/kg。本书显示,对于南极磷虾脂质提取过程,亚临界丁烷对 V_E 的溶解性要显著高于超临界 CO_2 和普通溶剂正己烷,部分学者在提取其他目标物的过程中也发现了该现象[167,168],这可能与亚临界流体萃取条件下 V_E 的活化能相对较低有关[169]。

3.3.5.4 南极磷虾脂质特征性挥发成分比较研究

南极磷虾脂质特征性挥发产物面貌和丰度可以反映其脂质的氧化程度[77]。相关挥发性物质可以被分为以下 3 大类:脂质降解挥发性产物,如 1-戊烯-3-醇(1-penten-3-ol)、苯甲醛(benzaldehyde)等;Strecker 分解挥发性产物,如甲基正丁醛(methyl butanal)、二甲基二硫化物(dimethyl disulfide)、二甲基三硫化物(dimethyl trisulfide)等;非酶褐变反应挥发性产物,如吡啶(pyridine)、2,5-二甲基吡嗪(2,5-dimethylpyrazine)等[78]。不同工艺制备的南极磷虾脂质的上述3类9种挥发性产物丰度情况见表3-8。

表3-8　不同工艺制备的南极磷虾脂质特征性挥发成分丰度

Table 3-8　Characteristic volatile components and their relative abundantly

特征挥发性产物	亚临界丁烷	超临界	正己烷	乙醇
1-戊烯-3-醇	++	++	+++	+++
苯甲醛	++	++	+++	+++
3-甲基正丁醛	ND	ND	+	+
2-甲基正丁醛	ND	ND	+	+
二甲基二硫化物	++	ND	+	+
二甲基三硫化物	++	ND	+	+
吡啶	+++	+	+++	+++
2,5-二甲基吡嗪	+	++	+++	+++
乙基吡嗪	+	ND	+++	+++

注:+++:含量丰富;++:含量中等;+:含量较少,可检出;ND:未检出。

由表3-8可知,特征性挥发性产物中1-戊烯-3-醇、苯甲醛,以及吡啶是主要成分。显然,除含硫挥发性产物和吡啶外,亚临界丁烷制备南极磷虾脂质与超临界CO_2制备南极磷虾脂质特征性挥发性产物相似。1-戊烯-3-醇被认为是脂质氧化产物[138,170],醛类物质含量可表征非酶褐变的程度[78,163],同时有研究表明烷基吡嗪的形成对脂质抗氧化能力的提升有辅助作用[171]。另外,挥发物种的含硫化合物被认为能贡献新鲜的海味,是虾仁整体风味中最具特征的风味物质[172]。亚临界丁烷制备南极磷虾脂质的特征性挥发产物中含硫化合物含量最高,这赋予了南极磷虾脂质最特征的风味[78]。综上,亚临界丁烷制备工艺制备的南极磷虾脂质具有较低的氧化程度,且最具特征性风味。

3.4　本章小结

(1) 研究了各种溶剂法如石油醚、正己烷、丙酮、氯仿、甲醇等单一体系或混合体系,尝试了一步提取和分步提取,验证了物料中水分对脂质提取的影响。按照分离过程减少氧化反应,最大程度保护目标产物中生物活性成分的目标,并综合考虑分离成本等因素,选择亚临界丁烷分离制备南极磷虾脂质。

（2）通过单因素实验确定影响亚临界制备的影响因素,亚临界流体萃取动力学分析及拟合表明南极磷虾脂质丁烷提取符合 Fick 定律,其拟合曲线方程可以表示为 $Y = Y_0 + A e^{-B}$（其中,Y 为提取率,A、B 为系数）。采用响应面方法设计系列实验,经计算并考虑实际情况后修正亚临界丁烷制备南极磷虾脂质的条件为 40℃、1.0 MPa、动态提取 120 min,提取率可以达到 81.84%（以氯仿/甲醇,2∶1,V/V,提取为 100%计算）。

（3）对比研究了亚临界丁烷制备的南极磷虾脂质和普通溶剂、超临界 CO_2 制备的南极磷虾脂质。研究发现,亚临界丁烷对南极磷虾脂质的提取较高、相应的脂质被氧化程度低、脂质中 PL 含量相对较高且富含虾青素。另发现亚临界丁烷对 V_E 提取有特异性。因此,亚临界丁烷提取制备南极磷虾脂质是一种快速、清洁、健康和高效的加工方式。

第四章

南极磷虾脂质性质及成分研究

4.1 引言

第二章分析了采用耦合脱水方式与完全冷冻脱水方式制备的南极磷虾粉品质相近，但耦合脱水制粉方式更加节约能源和时间。第三章详细研究了亚临界丁烷分离制备南极磷虾脂质的条件，与普通溶剂（正己烷、乙醇）、超临界 CO_2 制备的南极磷虾脂质对比研究发现，亚临界丁烷分离制备的南极磷虾脂质具有较好的总体品质。这种以南极磷虾为原料，采用"耦合脱水＋亚临界流体分离脂质"的南极磷虾脂质制备工艺有望被工业化应用。

本工艺流程与普通工艺流程的主要区别在于：(1) 本工艺流程比较完整，是从新鲜原料虾到南极磷虾脂质的全套工艺流程。当前实验室或商业开发的南极磷虾脂质分离制备过程往往重视脂质的分离制备环节，而忽视南极磷虾粉的制备环节；也有一些对南极磷虾脱水制粉的研究，但是没有结合脂质提取制备。(2) 本工艺流程重视保护原料中的热敏性目标物。无论是耦合脱水过程，还是亚临界流体脂质分离过程，都充分考虑了温度对热敏性物料的影响，做到了"适温脱水、低温分离"，同时兼顾了南极磷虾制粉成本及其脂质的提取率和脂质品质。

目前，虽然有学者对不同制备方式制备的南极磷虾脂质的组成进行了研究，以及对南极磷虾脂质结构有一些研究（见 1.4 节），但这些研究侧重点各不相同，如对磷脂结构的解析主要集中在磷脂中组分最多的 PC 上，对其他磷脂的结构解析较少，对南极磷虾中主要组成部分如甘油三酯、磷脂、虾青素等特殊结构之间的联系分析的也不多。

基于此,本章以南极磷虾脂质(以下称"自制样品")为新材料,分析其基本理化指标,解析主要组分的特殊结构,以期更加深入地认识南极磷虾脂质;此外,还尝试建立了综合感官评定、基本指标、化学组成、特殊结构及危害因子等各指标,以"综合分析、分类量化"为主要思想的南极磷虾脂质品质综合评价方法。

4.2 材料与方法

4.2.1 实验材料

用第二章和第三章所述新工艺制备并低温保存的南极磷虾脂质检测样品;油酸、虾青素、V_A、V_E($\alpha-$、$\beta-$、$\gamma-$和$\delta-V_E$)和脂肪酸等标准品,美国 Sigma 公司;正己烷、甲醇、异丙醇等色谱纯试剂,百灵威科技有限公司;超纯水,实验室自备Milli-Q 超纯水制备系统制备;其余分析纯试剂,国药集团化学试剂有限公司。

4.2.2 实验仪器

油脂氧化稳定仪(Rancimat 743 型),瑞士万通公司;Milli-Q 超纯水制备系统,美国 Milli-pore 公司;全数字化核磁共振波谱仪(AVANCE Ⅲ 400 MHz),瑞士布鲁克公司;气质联用仪(TRACE ISQ GC-MS),美国 Thermo 公司;TR-FAME 硅胶柱(60 m×0.32 mm×2.5 μm),美国赛默飞公司(上海);三重四级杆气质连用仪(TSQ Quantum XLS),美国赛默飞公司;高效液相色谱仪(E2695型),美国 Waters 公司;气相色谱仪(7820A 型,配备 FID 检测器),美国 Agilent公司;Diol-SPE 固相萃取小柱(500 mg, 6 mL),美国 Sepax 公司;旋转蒸发仪,无锡申科仪器厂;振荡摇床,金坛荣华仪器公司;分析天平、pH 计、HB43-S 卤素水分快速测定仪,瑞士梅特勒-托利多公司;磁力搅拌器,德国 IKA 公司。

4.2.3 实验方法

4.2.3.1 南极磷虾脂质抗氧化检测方法

南极磷虾脂质 POV 按照 3.2.2.3 节描述的方法检测。南极磷虾脂质氧化诱导时间参考 GB/T 21121—2007[173]检测。具体为:取待测样品 3.0 g 加入反应管,向测量池中加入超纯水 70 mL,确保各连接处密闭,通气量设定为 10 L/h,

测定温度选用110℃,待温度稳定后开始测量,据电导率的改变测定南极磷虾脂质的氧化诱导时间。

采用电子自旋共振(ESR)方法测定南极磷虾脂质中抗氧化能力。具体操作方法为,以浓度为100 mmol/L的DMPO甲苯溶液为捕获剂,取南极磷虾脂质、DMPO-甲苯溶液20 μL混匀于内径为4 mm的核磁管中,待仪器温度升至140℃后将核磁管置于仪器共振腔内,每2 min记录一次ESR图谱,直至30 min。控制仪器在9.85 GHz条件下工作,另设定ESR仪器中心磁场强度3360 G、微波功率20 mW、扫描宽度100 G、分辨率1 024点、调制频率100 kHz、调制振幅1.0 G、转换时间保持1.28 ms、时间常量为20.48 ms。

4.2.3.2 南极磷虾甘油三酯和磷脂分离及其脂肪酸分析

目标物过硅胶柱分离PL和甘油三酯(TAG),并定量。具体为:取待测样1.0~2.0 g加入氯仿/甲醇溶液(2:1,V/V)振荡溶解,上硅胶柱(50 cm×2.1 cm)。先用正己烷淋洗,后分别用正己烷/乙醚溶液(8:2,V/V)、正己烷/乙醚(1:1,V/V)洗脱样品中TAG,氮吹浓缩后低温保存待用。采用薄层色谱的方法分离磷脂,以氯仿/丙酮/甲醇/乙酸/水(50:20:10:10:5,$V/V/V/V/V$)为展开剂,刮板溶于氯仿提取,氮吹干,低温保存待用。脂肪酸检测按照2.2.3.9节描述的方法操作。

4.2.3.3 南极磷虾甘油三酯Sn-2脂肪酸分析

样品中TAG中Sn-2单甘脂的制备。据Luddy等[174]的方法采用TLC获得TAG样品,水解获得Sn-2 MAG。具体为:向目标TAG中加入1 mol/L的Tris-HCl缓冲液(pH = 8.0)1 mL、2.2%的$CaCl_2$溶液0.1 mL、0.05%的胆盐溶液0.25 mL、胰脂酶10 mg,40℃下水解3 min,然后加入6 mol/L的HCL 1 mL、乙醚2 mL,振荡离心。分离乙醚层加入无水Na_2SO_4去除水分,氮吹浓缩。将浓缩物TLC分离,以正己烷/乙醚/乙酸溶液(50:50:1,$V/V/V$)为展开剂,层析结束后,在紫外灯下将Sn-2 MAG条带刮下,用乙醚萃取分离Sn-2 MAG。

南极磷虾脂质中TAG中Sn-2脂肪酸分析。Sn-2 MAG甲酯化后采用GC检测其脂肪酸组成[175]。具体为:检测器温度设定为250℃,载气N_2、流量1.0 mL/min、分流比1:20。升温程序:60℃保持3 min,以5℃/min速度升温至175℃保持15 min,然后以2℃/min速度升温至220℃保持10 min。据保留

时间及峰面积比照标准品计算[176]Sn-2 脂肪酸比例,计算公式如下:

$$\left(\frac{M}{T} \times 3\right) \times 100\%$$

式中,M 为 Sn-2 脂肪酸所占比例;T 为脂肪酸在 TAG 中比例。

4.2.3.4　南极磷虾脂质磷脂组成及磷脂分子种分析

按照 2.2.2.4 节描述的方法操作。采用 UHPLC-MS 技术对待测样品中磷脂分子种分析,具体操作按照 Li 等[177]的方法进行。

4.2.3.5　南极磷虾脂质中微量组分分析

虾青素含量按照 2.2.3.9 节描述的方法操作。虾青素的存在形式(游离虾青素、虾青素一酯、虾青素二酯)分析方法如下:

HPLC 分析条件为:C30 柱。流动相:A 相,甲醇/乙腈(25:75,V/V);B 相,甲基叔丁基醚 100%。梯度条件:0~20 min,A 相由 100%减至 50%;20~30 min,A 相保持 50%。流速 1 mL/min;柱温 25℃;进样量 20 μL。富集后的虾青素(酯)甲酯化后用 GC-MS 确定其脂肪酸组成。

V_E 含量按照 3.2.2.6 节描述的方法操作。南极磷虾脂质及其提余物中铅(Pb)(GB 5009.12—2017)、镉(Cd)(GB 5009.15—2014)、砷(As)(GB 5009.11—2014)、汞(Hg)(GB 5009.17—2014)按括号内的相应标准进行检测。

4.2.3.6　南极磷虾脂质挥发性成分分析

按照 3.3.3.7 节描述的方法操作。

4.2.4　统计学分析

本章中分析均重复 3 次。采用软件 SPSS 18.0 进行方差分析(ANOVA),结果以"平均值±标准差"(SD)表示,$P<0.05$ 时具有统计学差异。

4.3　结果与讨论

4.3.1　南极磷虾脂质抗氧化性能研究

为表征南极磷虾脂质的抗氧化性,选用商品南极磷虾脂质产品和市售葵花籽油做对照,分别检测了其 POV 和氧化诱导时间,结果见表 4-1。

表 4-1　样品氧化诱导时间对比
Table 4-1　Comparison of Oxidation-induced time of the samples

样品说明	POV/(meq/kg)	氧化诱导时间/h
对照 1	1.61±0.28b	10.23±1.94b
对照 2	0.96±0.42b	4.45±0.68c
自制样品	3.01±0.35a	15.88±1.25a

注:含有不同小写字母的数据表示有显著性差异($P<0.05$);对照 1 为商品虾油,美国 Schiff 公司;对照 2 为葵花籽油。

由表 4-1 可知,自制样品 POV 高于商品南极磷虾油。POV 主要表征油脂在加工和贮藏过程中由于各种原因而被氧化的程度,其值越高则油脂越不新鲜。商品南极磷虾脂质采用胶囊包装,虽然生产时间超过 12 个月,但是其POV 仍然较低。自制样品 POV 较商品虾油具有更高的 POV,可能是原料的差异,也可能是其主要成分的差异导致。《动植物油脂 过氧化值测定》(GBT 5538—2005/ISO 3960:2001)中描述新鲜猪脂、牛脂、牛肉脂的 POV 分别为 4.9 meq/kg、6.7 meq/kg 和 5.4 meq/kg。南极磷虾脂质因具有超强抗氧化能力,所以其 POV 均较低。对照 2 因为是精炼后的商品油,故其 POV 最低。

3 组样品氧化诱导时间差异明显,自制样品氧化诱导时间比商品虾油长,这可能是商品虾油的组成与自制样品存在差异所致。油脂氧化稳定性指数(OSI 值,即氧化诱导时间)是通过人为提升温度、通入空气加速氧化的一种快速测定油脂氧化稳定性的方法,诱导时间越长,则样品的氧化稳定性越强[178,179]。对照 1 和自制样品氧化诱导时间均超过了 10 h,远超过市售葵花籽油,这说明对照 1 和本样品含有对照 2 中所没有的物质。对照 1 和自制样品中富含 PUFA、PL、虾青素和 V_E 等天然抗氧化成分,因此赋予了南极磷虾脂质(油)超强的抗氧化性。

采用电子顺磁技术(ESR)比较研究了样品的自由基清除能力,结果见图 4-1。

由图 4-1 可知,葵花籽油 ESR 图[图 4-1(a)]显示峰多且振幅大,南极磷虾脂质 ESR 图[图 4-1(b)]显示峰少,振幅也相对小。A 样为市售葵花籽油(1.8 L 包装),由葵花籽脱核压榨,其饱和脂肪酸、单不饱和脂肪酸和 PUFA 含

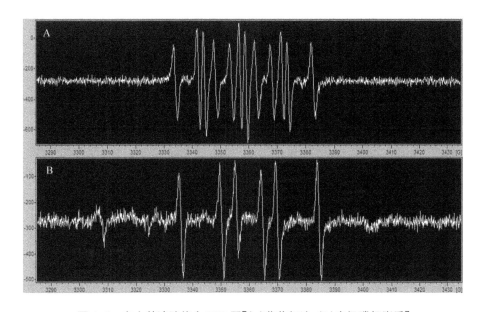

图 4-1　自由基清除能力 ESR 图[(a)葵花籽油；(b)南极磷虾脂质]

Figure 4-1　ESR map of Free radical scavenging ability [(a) sunflower seed oil;
(b) Antarctic krill lipids prepared by the new process]

量比例分别为 13％、26％和 61％,另含 35 mg α-V_E 当量。自制样品采用本书第二章耦合脱水工艺和第三章条件优化后的亚临界丁烷制备。ESR 图中,峰的数量越多,说明在本实验条件下被 DMPO 俘获的自由基种类及被检测到的自由基种类数量就越多,振幅越大说明被检测到相应自由基的含量就越高。对比图 4-1(a)和图 4-1(b)可知,本实验条件下葵花籽油生成和被检测出的自由基,无论是在种类上还是数量上,都显著高于新工艺南极磷虾脂质。可见,从清除自由基能力方面看,南极磷虾脂质显著高于葵花籽油,这很大程度要归功于南极磷虾脂质中丰富的 PUFA、PL 及虾青素等天然抗氧化成分。

4.3.2　南极磷虾脂质甘油三酯研究

为充分了解自制南极磷虾脂质的性质,对其中 TAG 连接的脂肪酸组成和含量进行了研究,结果见表 4-2。

表 4-2　南极磷虾 TAG 脂肪酸组成及含量

Table 4-2　Fatty acid composition and content of Antarctic krill lipid TAG

脂肪酸	相对含量/%
C14:0	8.82±0.82
C16:0	21.33±1.06
C16:1	4.01±0.20
C17:0	2.74±0.12
C18:0	0.54±0.03
C18:1	17.93±1.25
C18:2	2.28±0.04
C20:0	3.81±0.02
C20:1	8.69±1.30
C20:5（EPA）	17.66±1.04
C22:6（DHA）	12.19±1.68
EPA 和 DHA	29.85±2.70

由表 4-2 可知,自制样品中 TAG 中的主要脂肪酸为 C14:0、C16:0、C18:1、C20:1、EPA 和 DHA,其中 EPA 和 DHA 含量之和接近 30%,这个值略低于南极磷虾总脂质中 EPA 和 DHA 含量之和。可见,南极磷虾中非极性脂质 TAG 也可以作为 ω-3 PUFA 补充的来源。

TAG 中脂肪酸组成、相对含量及位置分布、双键位置和构型等对甘油三酯的营养和生理功能均有影响,这种影响也决定着该油脂的应用价值。为深入了解自制样品 TAG 结构,对甘油分子 Sn-2 脂肪酸进行了分析,结果见表 4-3。

表 4-3　南极磷虾脂质 TAG 中 Sn-2 脂肪酸组成及含量

Table 4-3　Sn-2 Fatty acid composition and content of Antarctic krill lipid TAG

脂肪酸	相对含量/%
C14:0	9.40±1.02
C16:0	6.07±0.54
C16:1	14.04±1.24
C17:0	6.48±0.36

续表

脂肪酸	相对含量/%
C18:1	7.26±0.62
C18:2	12.11±1.08
C20:5(EPA)	32.26±2.04
C22:6(DHA)	12.38±1.22
EPA 和 DHA	44.64±3.25

由图 4-3 可知,自制样品 TAG 中 Sn-2 脂肪酸检出有 C14:0、C16:0、C16:1、C17:0、C18:1、C18:2、EPA、DHA 等 8 种,基本与 TAG 中脂肪酸组成一致。所不同的是在脂质 TAG 中 Sn-2 的 EPA 和 DHA 含量之和为 44.64%,比 TAG 中 EPA 和 DHA 含量之和高 14.79%。可见,自制样品 TAG 上脂肪酸中的 ω-3 PUFA(EPA 与 DHA)更倾向分布在 Sn-2 上。韩瑞丽等[180]分析研究了牛乳中 Sn-2 脂肪酸,发现长链脂肪酸更倾向分布在甘油分子的 Sn-2 上。冯纳等[181]研究了多种茶油 TAG 中 Sn-2 脂肪酸的特征,发现茶油 Sn-2 脂肪酸中不饱和脂肪酸(主要为油酸和亚油酸)含量超过 80%,而 Sn-2 脂肪酸在 TAG 水解消化吸收的过程中更容易被生物体利用[182]。可见,南极磷虾脂质所具有的特殊生理功能与其富含长链 ω-3 PUFA 且多分布在 Sn-2 位置密不可分。

初步分析了南极磷虾脂质中 TAG 分子种,其 HPLC 分析图见图 4-2,甘油三酯分子种峰面积的数据分析见表 4-4。

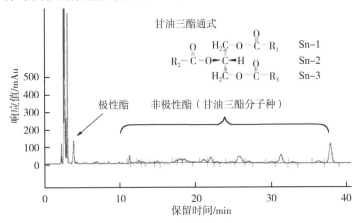

图 4-2　南极磷虾脂质 TAG 分子种 HPLC 分析
Figure 4-2　HPLC analysis TAG molecule species of Antarctic krill lipid

由图 4-2 及表 4-4 可知,南极磷虾脂质中的极性组分先被洗脱,集中度较高,非极性组分 TAG 根据甘油结构不同位置上脂肪酸的不同分布形成的 TAG 分子种不同相继被洗脱。南极磷虾脂质中 TAG 的 HPLC 图谱上可以识别出 8 种以上不同脂肪酸组成的 TAG 分子种。TAG 分子种分子量越大,被洗脱下来的时间就越晚。图谱中最大的峰出现在 36.898 min,其相对峰面积为 34.81%,这说明该 TAG 中应该含有碳原子数较多、总分子量较大的脂肪酸,而在南极磷虾脂质 TAG 体系中分子量较大的脂肪酸便是 EPA(C20:5)和 DHA(C22:6)。

表 4-4   南极磷虾脂质 TAG 分子种面貌

Table 4-4   Profiles of TAG molecular species in Antarctic krill lipid

序号	保留时间/min	相对含量/%
1	16.978	6.81
2	17.835	11.98
3	21.703	16.04
4	22.709	4.62
5	27.736	5.85
6	28.997	15.75
7	34.763	4.14
8	36.898	34.81

4.3.3   南极磷虾脂质磷脂研究

Gobley 等于 1847 年从蛋黄和大脑中发现了卵磷脂(Lecithin)[183]。磷脂(PL)因具有特殊的结构和生理功能,在食品工业、化学工业等领域被广泛应用[184]。甘油磷脂是 PL 的主要类型,据磷酸基团在甘油骨架位置分布不同可分为 α-PL(Sn-1)和 β-PL(Sn-2),自然界存在的主要形式是 α-PL,其示意图及结构通式见图 4-3。

在上述结构通式中 R_1、R_2 代表脂肪酸(可相同也可不同),X 表示与磷羟基连接的功能基团。不同的 X 构成了不同的 PL,如 X 是"$-CH_2CH_2N^+(CH_3)_3$"时,则是磷脂酰胆碱(PC);X 是"$-CH_2CH_2NH_2$"时,则是磷脂酰乙醇胺(PE);X

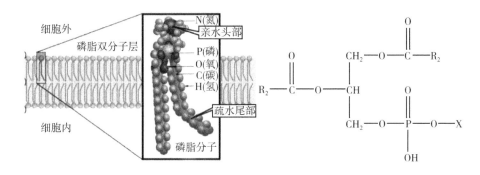

图 4-3　α-甘油 PL 示意图(左)及结构通式(右)

Figure 4-3　Schematic diagram (left) and general structure (right) of α-glycerin phospholipid

为"—$C_6H_6(OH)_5$"时,则是磷脂酰肌醇(PI);X 为"—$CH_2CH(NH_2)COOH$"时,则是磷脂酰丝氨酸(PS)。

4.3.3.1　南极磷虾脂质中磷脂组成及其脂肪酸分析

磷脂(PL)是南极磷虾脂质最为重要的成分,也是使其发挥生理功能的重要因子,是南极磷虾脂质特殊性的表现之一。南极磷虾脂质中的 PL 含量与原料有一定的相关性。本书对制备的南极磷虾脂质进行了多批次 PL 含量检测,发现其在 25～35% 范围内变动。曹文静等[185]采用正己烷乙醇混合溶剂提取的南极磷虾脂质中 PL 含量为 29.13%,这与本样品的 PL 含量相近。

深入研究南极磷虾脂质中的 PL 结构,结果见图 4-4。

由 4-4 可知,新工艺制备的南极磷虾脂质中有多种 PL,可识别的主要有 PE、PC、PI、PS 等。TLC 图和 HPLC 图具有一致性,其中 PC 含量大,PS 含量少。对不同 PL 含量分析,发现不同 PL 的绝对含量受到原料、脂质制备方法等因素影响。本书采用新工艺制备的南极磷虾脂质中 PL 含量主要受控于原料。经多次检测,PC 占总 PL 的 65%～83%、PE 占 PL 的 15%～20%、PE 占 PL 的 5%～10%,PS 占 PL 的比例小于 1%。Castro-Gómez 等[72]分析了挪威 Aker 公司提供的南极磷虾脂质,发现其 PL 中 PC 占 50% 以上。

为深入了解南极磷虾脂质中 PL 的结构,本书分析了主要 PL 上脂肪酸的组成与相对含量,结果见表 4-5。

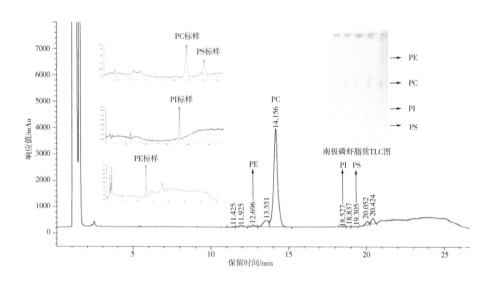

图 4-4 南极磷虾脂质中 PL 的 TLC 及 HPLC 分析

Figure 4-4 The TLC and HPLC analysis of phospholipids in Antarctic krill lipid separated by new process

表 4-5 南极磷虾脂质中不同 PL 脂肪酸分析

Table 4-5 Analysis of different phospholipid fatty acids in Antarctic krill lipid

脂肪酸	磷脂酰胆碱 PC/%	磷脂酰乙醇胺 PE/%	磷脂酰肌醇 PI/%
C14:0	5.36±0.17	4.38±0.22	3.98±0.17
C16:0	10.84±0.25	12.11±0.32	11.97±0.25
C16:1	3.67±0.10	3.63±0.06	3.67±0.10
C17:0	1.75±0.12	1.02±0.24	1.22±0.12
C18:0	1.27±0.03	1.11±0.01	1.04±0.03
C18:1	17.38±1.22	17.67±1.02	17.96±1.22
C18:2	6.03±0.11	7.13±0.05	7.32±0.11
C20:0	3.93±0.47	2.40±0.23	2.64±0.47
C20:1	8.96±0.94	8.94±0.80	9.22±0.94
C20:5 (EPA)	22.48±1.45	22.85±1.02	22.16±1.45
C22:6 (DHA)	18.33±1.08	18.76±1.33	19.28±1.08
EPA+DHA	40.81±2.08	41.61±2.33	41.44±1.98

由表 4-5 可知，不同 PL 上连接的脂肪酸组成基本一致，均主要由 C14:0、C16:0、C16:1、C18:1、C20:5(EPA)、C22:6(DHA) 组成。其中，ω-3 PUFA (主要为 EPA 和 DHA)含量之和在 PL 总脂肪酸中占比均超过了 40%。这一比例超过了 TAG 中 ω-3 PUFA 含量之和，与 TAG 中 Sn-2 脂肪酸中 ω-3 PUFA 含量之和相近。

可见，EPA 和 DHA 比单不饱和脂肪酸或饱和脂肪酸更倾向于与 PL 结合，本结果也得到了其他研究结果的支持[72]。Zhao 等[74]分析了丙酮提取的南极磷虾 PC 上脂肪酸组成，其主要由 C16:0、C16:1、C18:1、EPA 及 DHA 组成，其中 EPA 和 DHA 占 45.86%。这可能是因为不同提取方法导致了不同的脂肪酸组成和含量[186]。

4.3.3.2　南极磷虾脂质中磷脂分子种分析

为更进一步了解南极磷虾脂质中 PL 的结构，采用超高效液相色谱串联质谱(UPLC-MS)技术分析不同 PL 的分子种，结果见图 4-5。

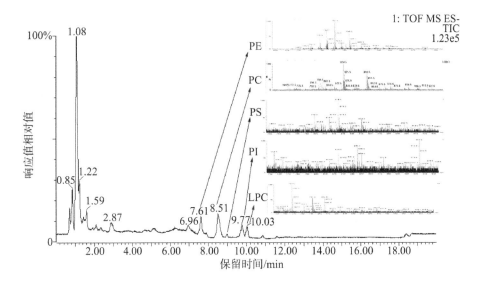

图 4-5　南极磷虾脂质中 PL 的 UPLC 谱图

Figure 4-5　UPLC chromatographic map of phospholipid in Antarctic krill lipid prepared by the new process

由图 4-5 可知，不同 PL 在该分离体系中分离度好，进一步通过串联质谱获取了主要 PL 种类的下一级结构。表 4-6 为质谱中不同 PL 种类前体离子及撞击能量，表 4-7 为南极磷虾脂质 PL 中 Sn-1 和 Sn-2 上脂肪酸可能的组合及其分子量。

表 4-6 不同 PL 种类的前体离子和撞击能量

Table 4-6　Precursor ions and collision energy for different phospholipid

种类	前体离子	撞击能量/eV
PC	$[M+HCOOH]^-$	30
PE	$[M-H]^-$	25
PI	$[M-H]^-$	25
PS	$[M-H]^-$	30
LPC	$[M+HCOOH]^-$	30

表 4-7　南极磷虾脂质 PL 中 Sn-1 和 Sn-2 上脂肪酸可能的组合及其分子量

Table 4-7　Molecular weight of fatty acids in phospholipid Sn-1 and Sn-2 in Antarctic krill lipid

	C14:0	C16:0	C16:1	C17:0	C18:0	C18:1	C18:2	C20:0	C20:5	C22:6
C14:0	696									
C16:0	724	752								
C16:1	722	750	748							
C17:0	738	766	764	780						
C18:0	752	780	778	795	809					
C18:1	750	778	776	792	807	805				
C18:2	748	776	774	790	805	802	800			
C20:0	780	809	807	823	837	835	833	865		
C20:5	770	798	796	812	827	825	822	855	844	
C22:6	796	824	822	839	853	851	849	881	871	897

　　南极磷虾脂质中 PC(a)、PE(b)、PI(c)、PS(d) 及 LPC(e) 母离子扫描质谱图见图 4-6。

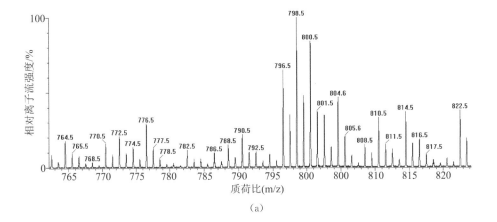

(a)

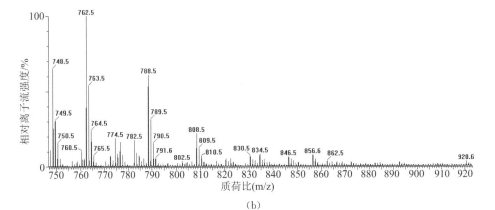

(b)

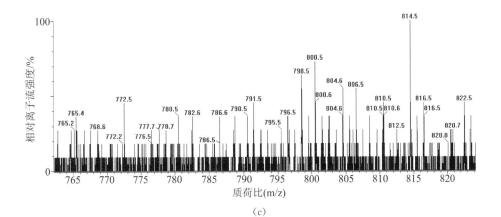

(c)

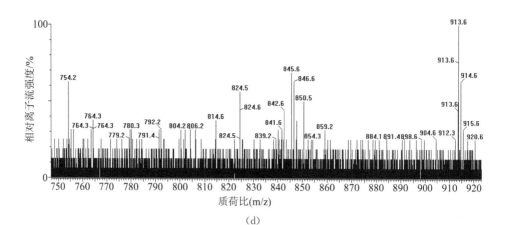

(d)

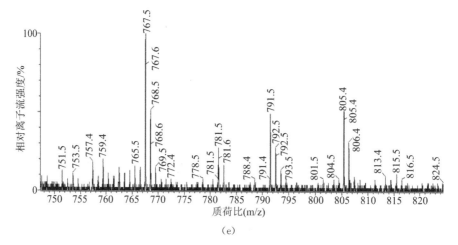

(e)

图 4-6　南极磷虾脂质中 PC(a)、PE(b)、PI(c)、PS(d)及 LPC(e)母离子扫描质谱图
Figure 4-6　Precursor oin scan mass spectra of PC(a)、PE(b)、PI(c)、PS(d) and LPC(e)
in Antarctic krill lipid prepared by the new process

　　对南极磷虾脂质中 PC、PE、PS、PI 及 LPC 分子种进行了分析,结果见表
4-8。

表 4-8 南极磷虾脂质中 PL 分子种分析

Table 4-8 Identified PL molecular species of from Antarctic krill lipid

种类	质荷比(m/z)	分子种 Sn-1/Sn-2
PC	758.6	C14:0/C20:5
	766.6	C16:0/C18:1
	786.6	C16:0/C20:5
	792.6	C18:0/C18:2
	812.6	C16:0/C22:6
	814.6	C18:0/C20:5
	832.6	C20:5/C20:5
	858.6	C20:5/C22:6
PE	718.6	C16:0/C18:1
	738.6	C16:0/C20:5
	788.7	C16:0/C20:5
	764.6	C18:1/C20:5
	790.7	C18:1/C22:6
PS	758.6	C14:0/C20:5
	766.6	C16:0/C18:1
	756.3	C16:0/C22:6
	789.3	C18:0/C20:5
PI	758.6	C14:0/C20:5
	766.6	C16:0/C18:1
	764.6	C18:1/C20:5
	858.6	C20:5/C22:6
LPC	586.4	C20:5
	612.4	C22:6
	566.4	C18:1
	538.4	C16:1

注:PL 上 Sn-1、Sn-2 组合规律参考文献[187-189]。

由表 4-8 可知,南极磷虾脂质中 PL 的不同分子种(不同 Sn-1/Sn-2 组合)中 ω-3 PUFA 较多,这与 PL 中脂肪酸分布规律一致。PL 来源不同,其分子种也存在一定差异。Winther 等[56]发现,南极磷虾脂质中 PL 中 Sn-1 和 Sn-2 上富含 ω-3 PUFA,甚至有的分子种中同时含有这两种,这一结果与本研究一致。本书中南极磷虾来源 PL 分子种以富含 EPA 和 DHA 为主要特征,且出现概率大,这一结果与 Zhou 等[190]的研究结果基本一致。综上,南极磷虾 PL 中总 ω-3 PUFA 含量高,可以作为 EPA 和 DHA 一个重要的来源开发利用,同时也可将这一特征用来鉴定南极磷虾 PL 的真伪。

4.3.4 南极磷虾脂质中虾青素等微量组分研究

虾青素是由多聚烯链和两侧的芳香环所组成的化合物。其芳香环上连接有羟基,易与羧基发生酯化反应,所以容易形成虾青素酯。根据其酯化反应程度可分别形成游离虾青素(R_1、R_2 均为 H)、虾青素一酯(R_1、R_2 其中一个为 H,另一个为脂肪酸)和虾青素二酯(R_1、R_2 均为脂肪酸)(图 4-7)。在虾青素(或虾青素酯)结构中,因羟基所连接 C 原子对称性不同,而存在 3 种立体异构形式(3S, 3'S;3S, 3'R;3R, 3'R)(图 4-7)。自然界中虾青素多以(3S, 3'S)和(3R, 3'R)形式存在,而人工合成的虾青素则多为内消旋(3S, 3'R)形式。

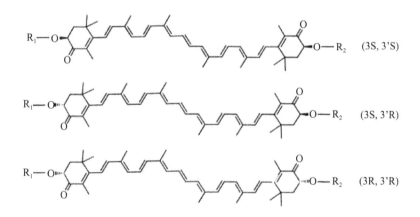

图 4-7 虾青素分子通式及其同分异构体
Figure 4-7 General structure of three kinds of isomers astaxanthin

对新工艺制备的南极磷虾脂质中虾青素进行了分析。先经过充分甲酯化,测得总虾青素含量为（248.4±5.2）mg/kg。原料不同、酯化方法不同，虾青素检测值也不会不同。不同的南极磷虾脱水方法及不同的南极磷虾脂质分离方法也对南极磷虾脂质中虾青素含量有显著影响。Xie 等[68]以南极磷虾粉为原料采用不同的脂质分离方法获取的南极磷虾脂质中虾青素含量变化也较大。

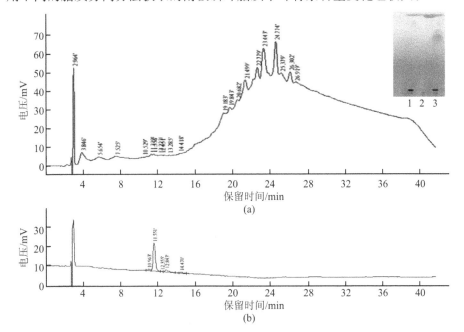

图 4-8　南极磷虾脂质中虾青素 TLC 检测及其皂化前(a)、后(b)谱图

Figure 4-8　TLC detection and saponification of astaxanthin (a) before saponification (b) spectrogram

图 4-8 为本样品虾青素 TLC 检测及其皂化前、后谱图。对南极磷虾来源虾青素进行了 TLC 对比分析（点样：1. 青素对照样品；2. 番茄红素；3. 本样品中的虾青素），从其分离效果图可以看出：虾青素对照样品主要为游离虾青素，TLC板最上面可见色带；番茄红素中基本不见条带；本样品中在 TLC 板上部见较明显 3 道色带，初步推测这 3 道色带由下往上分别是虾青素二酯、虾青素一酯和游离虾青素。

采用 HPLC 分析了南极磷虾来源虾青素，虾青素（酯）出峰的先后顺序是：首先是游离虾青素，然后是虾青素一酯，最后是虾青素二酯。由于虾青素酯上连接的脂肪酸不同，所以虾青素酯出峰时间有差异。从皂化后游离虾青素出峰时间判断,游离虾青素出峰时间约 12 min。南极磷虾来源未皂化虾青素在 12 min 前后仅有非常小的峰,到 20 min 后大量出峰。相同检测条件下藻油来源虾青素大量出峰时间为 15～18 min,而藻油中虾青素主要以虾青素一酯形式存在。可知本样品中虾青素主要以二酯形式存在,通过计算,本样品中虾青素二酯含量为 70.3%±4.66%,虾青素一酯含量为 24.4%±1.98%,游离虾青素含量为 5.3%± 1.04%,本结果与 Foss 等[191]的研究一致。Takaichi 等[192]报道了南极磷虾来源虾青素中虾青素二酯占比为 46%、虾青素一酯占比为 34%、游离虾青素占比为 20%。

为深入了解南极磷虾中虾青素酯的结构,检测了虾青素酯脂肪酸组成,结果见表 4-9。

表 4-9 南极磷虾来源虾青素酯脂肪酸分布

Table 4-15 Fatty acid distribution of astaxanthin esters krill from Antarctic krill

脂肪酸种类	相对含量/%
C14:0	9.84±1.66
C16:0	24.70±2.68
C16:1	4.32±0.34
C18:1	20.95±2.60
C20:1	4.44±0.46
C20:5(EPA)	20.95±2.04
C22:6(DHA)	14.79±1.32

由表 4-9 可知,对于新工艺分离的南极磷虾脂质,在虾青素酯中检出了 7 种主要脂肪酸,其中 C16:0、C18:1、EPA 和 DHA 占绝大部分。该脂肪酸特征与南极磷虾脂质中脂肪酸组成基本一致。Takaichi 等[192]研究了南极磷虾来源虾青素酯上的脂肪酸,发现连接在虾青素酯上的脂肪酸主要为 C12:0、C14:0、C16:0、C16:1 和 C18:1 等 5 种,未发现 EPA 和 DHA。Zhang 等[193]研究了南极磷虾来源虾青素酯上脂肪酸的组成,发现 C20:5 占 22.4%、C22:6 占 27.76%,两者之和超过了总脂肪酸的 50%。导致这种差别的原因可能是实验原料的不同。前者以鲜虾为原料,用丙酮萃取含有虾青素的脂质,后者以虾粉为原料,采用正己烷分离脂质。雨生红球藻(Haematococcus Pluvialis)脂质来源虾青素主要由虾青素一酯组成,其上连接的脂肪酸主要为饱和脂肪酸 C16:0 和

C18:0[194]，而淡水动物来源虾青素一酯中脂肪酸更多的则是不饱和脂肪酸C18：1、C18:2和C18:3[195]。Coral-Hinostroza等[196]发现，深海生活的红蟹脂质中虾青素酯检出了PUFA，其中EPA和DHA含量丰富。此外，制备脂质方法的不同、原料贮藏条件的差异等对虾青素的含量和组成也有影响[197]。

综上，虾青素酯中脂肪酸与虾青素来源生物体脂质中脂肪酸具有较高的相关性，不同的生活环境最终造就了生物体内不同的脂肪酸特征。南极磷虾生活在高纬度寒冷海域，其生物体总脂质中脂肪酸以富含 ω-3PUFA 为典型特征。本研究进一步确定了南极磷虾来源虾青素酯中脂肪酸特征与其总脂肪酸特征高度一致，都是以具有高含量的 EPA 和 DHA 为主的 ω-3 PUFA 为特征。虾青素赋予了南极磷虾脂质最为明显的深红色特征，因此可以考虑通过检测虾青素酯上脂肪酸特征来鉴定南极磷虾脂质的真伪。

采用新工艺制备的南极磷虾脂质中的天然抗氧化物质除虾青素外，还有 V_E 和 V_A，其含量分别为 55.5～71.4 mg/kg、2.1～3.2 mg/kg。通常意义上讲的 V_E 是多种不同生育酚的混合物[198]，是一种甲基化酚。脂质中的 V_E 可以捕获自由基，破坏脂质氧化中自由基链式反应的平衡[199]，从而起到抗氧化作用。本样品中主要检出了 α-生育酚和 γ-生育酚，其中前者占比在 80% 以上，该组成也较为特殊，将来也有可能作为南极磷虾脂质真伪鉴定的辅助指标。

对南极磷虾原料、脱水后干粉、分提脂质后剩余物（提余物）中的有害微量元素铅（Pb）、镉（Cd）、砷（As）、汞（Hg）进行了检测，发现新工艺分离南极磷虾脂质后提余物中这些元素含量均有不同程度上升，但均在国家规定的安全范围之内。这说明了采用新工艺分离南极磷虾脂质的过程中，这些元素绝大部分留存在提余物中，这对提升南极磷虾脂质的品质有重要意义。若在南极磷虾脂质中检出了这些有害微量元素，那么就需要将该脂质相关危害成分脱出，否则将不能安全地被人们作为食品添加物或保健品使用。

4.3.5 南极磷虾脂质中挥发性成分研究

采用顶空固相微萃取和气相色谱-质谱/质谱（HS-SPME-GC-MS/MS）方法检测了南极磷虾脂质的挥发性成分，其总离子流图见图4-9。

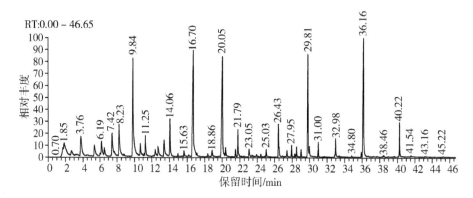

图 4-9　新工艺分离南极磷虾脂质挥发物的 GC-MS 总离子流图

Figure 4-9　GC-MS Total ion flow diagram of volatile matter from Antarctic krill lipid by the new process

经 NIST、Wiley2008 谱库串联检索,共检出醛类、酸类、烃类等化合物,其保留时间、化合物名称及相对峰面积见表 4-10。

表 4-10　挥发性组分组成及相对含量

Table 4-10　Composition and relative content of volatile components

保留时间/min	化合物名称	相对峰面积/%
1.85	辛烷	2.92
3.75	乙醛	3.12
6.18	呋喃	1.7
7.43	辛醛	2.83
8.23	3-甲基壬烯	3.77
9.84	壬醛	11
11.25	正庚醇	2.12
14.06	辛醇	3.67
15.63	(E)2-癸烯醛	0.57
16.7	(Z)2-癸烯醛	14.46
18.86	17-烷烯	0.82
20.04	11-烯醛	14.68

保留时间/min	化合物名称	相对峰面积/%
21.79	2，4-癸二烯醛	2.6
23.05	己酸	0.88
25.03	呋喃酮	0.74
26.44	庚酸	3.27
27.94	反式 4，5-环氧-2 癸烯醛	0.99
29.81	辛酸	10.67
31.00	7-甲基苯并四氢嘧啶-2，4-二酮	1.17
32.98	壬酸	1.63
34.8	环己甲醇	0.16
36.16	癸酸	13.71
38.46	2-甲基 2，3-环氧 4-辛酮	0.12
40.22	月桂酸	2.03
41.54	3，4-二甲基己醇	0.18
43.17	3，6-二甲基庚烷	0.1
45.22	戊酸	0.07

由表 4-10 可知,南极磷虾脂质主要挥发性成分有 27 种,其中 2-癸烯醛、11-烯醛、癸酸为其主要成分。丁浩宸等[200]、许刚等[201]发现醚类、醛类是整虾的关键挥发性成分,其中头胸部的挥发性成分主要是(E，Z)-2，6-壬二烯醛、3-甲硫基丙醛、3-甲基丁醛、壬醛、苯乙醛、D-柠檬烯、(Z)-4-庚烯醛、二甲基硫醚、辛醛、苯甲醛,腹部挥发性物质主要是二甲基三硫醚、癸醛、壬醛、3-甲基丁醛、辛醛、D-柠檬烯、二甲基硫醚、(Z)-4-庚烯醛。Giogios 等[202]发现虾粉和虾油含有的挥发性物质不同,包括虾油在内的海洋油脂挥发性物质中有较高含量的乙基呋喃、2-亚甲基丁基环丙烷、己醛、2，4-辛二烷、3，5-辛二烷;而粉中的挥发性物质几乎检测不到不饱和环烃和萜类,呋喃含量也较低。本书中新工艺分离制备的南极磷虾脂质的挥发性物质中也几乎不含有不饱和环烃和萜类,呋喃含量也较低,总体组成与上述文献报道一致,但是具体含量上有一定差别。因此,南极磷虾脂质中的挥发性成分不像其脂肪酸特征那样具有稳定的组成和含量,不能作为其特征性指标。

4.3.6 南极磷虾脂质品质评价体系初探

物质的组成及其结构决定了物质的性质。南极磷虾脂质的品质也由其组成和结构决定,对南极磷虾脂质的评价需要考虑多方面的因素。因南极磷虾生存环境、地理分布特殊,同时南极磷虾脂质获取方式也各不相同,南极磷虾脂质的生物学功能也较为特殊,因此对南极磷虾脂质的评价也不能简单地采用油脂的评价方法和手段。目前,虽然有一些学者对南极磷虾脂质品质的变化有研究,但是系统的、专门的南极磷虾脂质评价方法还比较欠缺。基于此,本书尝试通过各指标的综合分析,采取分类量化的方法评价南极磷虾脂质品质,该评价方法的关键指标、指标说明及其相应权重见表4-11。

表 4-11 品质评价关键指标及其权重
Table 4-11 Key indicators and its weight of the quality evaluation

分项评价	关键指标		关键指标说明(0~10分)	权重/%	
感官评定	F1	颜色	颜色为红色,色泽均匀,得10分;若有颜色暗淡偏黑色则相应扣分	C1	10
	F2	气味	有虾特征气味,无不良气味,得10分;若有异味则相应扣分	C2	10
基本指标	F3	AV	15 mg KOH/kg 得5分,值越低得分就越高,反之就越低	C3	10
	F4	POV	5 meq/kg 得5分;值越低得分越高,反之就越低	C4	5
	F5	氧化诱导时间	12 h得5分,时间越长得分越高,反之就越低	C5	5
化学组成	F6	EPA+DHA 含量	含量越高得分就越高	C6	10
	F7	PL 含量	25%得5分,含量越高得分就越高	C7	10
	F8	虾青素含量	200 mg/kg 得5分,含量越高得分就越高	C8	10
	F9	V_E 含量	50 mg/kg 得5分,含量越高得分就越高	C9	10

分项评价		关键指标	关键指标说明(0～10 分)	权重/%	
特殊结构	F10	TAG 中 Sn-2 脂肪酸组成	EPA＋DHA 含量越高得分就越高	C10	10
	F11	PL 组成及其脂肪酸特征	PL 上脂肪酸中 EPA＋DHA 含量越高得分就越高	C11	5
	F12	虾青素存在形式及其脂肪酸特征	虾青素二酯含量越高得分越高,虾青素酯脂肪酸中 EPA＋DHA 含量越高得分就越高	C12	5
危害因子	F13	铅、镉、砷、汞等含量	若检出则不合格	—	—

分项评分完成后,根据确定好的权重,计算总评分:

$$G = \sum_{n=1}^{k} (F_n \times C_n)$$

式中,G 为总评分;F_n 为分项指标分值;C_n 为分项指标权重系数 ($C_1＋C_2＋\cdots＋C_k = 1$)。

本南极磷虾脂质综合量化评价方法有以下优点:(1)综合考量了南极磷虾脂质的感官评定、基本指标、化学组成、特殊结构。这比仅采用一项或两项指标对南极磷虾脂质的评价要更加客观和全面。(2)本评价方法对各个指标进行了量化评分,并根据各指标对整体品质的贡献和影响进行了不同的权重分配,这样更加科学合理。(3)本评价方法还充分考虑了南极磷虾脂质的特殊结构,赋予某一定的权重。此外,这些特殊结构的检测和判定也有助于对南极磷虾脂质的真伪进行鉴别。

4.4　本章小结

(1) 对新工艺分离制备南极磷虾脂质的酸价、过氧化值、氧化稳定时间等基本理化指标,以及脂肪酸组成、磷脂含量、虾青素含量、维生素含量等成分进行了研究。

(2) 分析了新工艺分离南极磷虾脂质甘油三酯、磷脂及脂肪酸及其他微量成分。发现,南极磷虾脂质中甘油三酯上连接脂肪酸中 EPA 和 DHA 含量之和接近 30%,低于南极磷虾总脂质中 EPA 和 DHA 含量之和,但低于甘油三酯中 Sn-2 上 EPA 和 DHA 含量之和(44.64%);南极磷虾磷脂以磷脂酰胆碱为主,不同类型磷脂上脂肪酸特征与总脂肪脂肪酸特征具有一致性,其磷脂分子种显示,不同类型磷脂的 Sn-1 或 Sn-2 分布较多的 $\omega-3$PUFA(主要为 EPA 和 DHA);另发现,虾青素主要以虾青素二酯的形式存在,其连接的脂肪酸以丰富的 EPA 和 DHA 为特征。

(3)尝试建立了联合感官评定、基本指标、化学组成、特殊结构及危害因子等各指标,以"综合分析、分类量化"为主要思想的南极磷虾脂质品质综合评价方法。

第五章

南极磷虾脂质生物学评价

5.1 引言

煎炸加速了煎炸油中氧化、水解及聚合反应[203-205],这些氧化产物会对生物体的健康产生不利的影响[206,207]。Choe 等[208]研究也发现,油脂中极性物质对生物体的毒副作用是可能存在的。Billek 等[62]用煎炸油中分离出来的极性物质喂养大鼠,观察到了动物体重的下降、肝脏功能的变化,如谷草转氨酶和谷丙转氨酶的升高以及肝脏和肾脏重量变化。Chuang 等[209]用大豆油基极性物质喂养C57BL/6J 小鼠后,发现氧化油脂及其极性物质喂养小鼠的后代成年后更易肥胖。Huang 等[210]用大豆油基极性物质喂养 C57BL/6J 小鼠后,发现氧化油脂及其极性物质导致了怀孕小鼠畸胎率的升高。棕榈油是一种木本植物油,其与菜籽油和大豆油并称为"世界三大植物油"。棕榈油中富含饱和脂肪酸(32%～47%),适用于食物的煎炸,因此被大量用于煎炸食品加工工业中[211]。

Burri 等[212]总结了南极磷虾脂质相关的动物实验,此前研究人员采用了肥胖、抑郁、心肌梗死以及炎症等模型动物开展了南极磷虾脂质的功能研究,但未见采用棕榈油及棕榈油基极性物质影响的小鼠为模型对南极磷虾脂质进行评价。

基于此,本章构建了近交系 C57BL/6J 小鼠棕榈油及棕榈油基极性物质喂养高脂饮食模型,以此评价了新工艺南极磷虾脂质的生理功能。通过本动物实验,一方面在近交系动物模型上确认了煎炸油及其极性物质对生物体的影响;另一方面以期进一步确认南极磷虾脂质的特殊生物功能。

5.2 材料与方法

5.2.1 实验材料

棕榈油,上海益海嘉里有限公司;裹粉鸡块(-18℃冷冻保存),山东聊城市孚德食品有限公司;柱层析硅胶,青岛海洋有限公司;苏木精及伊红试剂、血清指标检测试剂盒,南京建成生物工程研究所;TRIzol 试剂和反转录试剂盒等,生工生物工程(上海)股份有限公司;C57BL/6J 小鼠及相应小鼠基础饲料,上海SLRC 动物实验室;超纯水,采用实验室自备 Milli-Q 超纯水制备系统制备;引物合成委托生工生物工程(上海)股份有限公司进行;色谱纯试剂,北京百灵威科技有限公司;脂肪酸甲酯标准品,美国 Sigma 公司;其余分析纯试剂,国药集团化学试剂有限公司。

5.2.2 实验仪器

煎炸锅,广州唯利安西厨设备制造有限公司;电导率仪,梅特勒-托利多仪器(上海)有限公司;电子分析天平,梅特勒-托利多仪器(上海)有限公司;Milli-Q超纯水制备系统,美国 Milli-pore 公司;紫外可见分光光度计,北京谱析通用仪器有限责任公司;数显恒温水浴锅,金坛市精连仪器;气相色谱仪(7820A 型,配备 FID 检测器),美国 Agilent 公司;ACCU-CHEK 血糖仪,罗氏诊断(上海)有限公司;全自动生化检测仪(P800 型),瑞士 Roche 公司;酶标仪(M5 型),美国Molecular Devices 公司;快速荧光定量实时-PCR 仪(RT-PCR,ABI 7900HT),美国通用生物公司;显微镜(DM 2700P 型),德国 Leica 公司;气相毛细管色谱柱,Thermo Fisher 公司;手动转轮切片机(PM2245 型)、石蜡包埋机(1150H型)、组织脱水机(ASP 200S 型),德国 Leica 公司。

5.2.3 实验方法

5.2.3.1 棕榈油基极性物质测定及分离

取棕榈油(5 kg)于煎炸锅中加热至 180℃±5℃保持 15 min。取裹粉鸡块(4 块,约 250 g)煎炸 7 min 后取出。上述煎炸过程每 20 min 重复一次。每天煎炸 10 h,当天煎炸工作完成后关闭电源待煎炸油冷却后滤除煎炸锅内的固形物杂质。煎炸过程采用电导率法监控极性物质含量[213]。

总极性物质分离参照 AOCS 方法操作[214]。具体为:采用硅胶柱层析,非极性组分先被石油醚/乙醚混合溶液(87∶13,V/V)洗脱,极性组分后被乙醚洗脱。随后用已恒重的干燥的圆底烧瓶收集乙醚洗脱液,旋转蒸发后置于真空干燥箱 60℃脱溶 2 h 得煎炸棕榈油中的总极性物质,低温保存备用。洗脱过程采用薄层色谱(TLC)法(展开剂为氯仿/甲醇/乙酸/水溶液,25∶15∶4∶2,V/V/V/V)分析极性组分和非极性组分各自的洗脱液,确保非极性组分洗脱完毕后再收集极性组分,以制备高纯度的极性物质。

5.2.3.2　实验小鼠的分组与喂养

C57BL/6(C57 BLack 6 或 C57)是近交品系实验小鼠,容易繁殖。70 只 6 周龄雄性 C57BL/6 小鼠运抵实验室后,用普通饲料适应喂养一周后随机分为 7 组。7 组小鼠饲料组成情况见表 5-1,具体为:对照组(NC),喂养普通饲料;高脂组(HF),饲料中额外添加 20%(质量分数,下同)的猪油;新鲜煎炸棕榈油组(PO),将高脂组中 5%的猪油替换为未煎炸棕榈油;极性物质组(TPC),将高脂组中 5%的猪油替换为 5%的总极性物质;南极磷虾全脂质组(WKO),将高脂组中 5%的猪油替换为 5%的南极磷虾全脂质;南极磷虾总脂棕榈油组(WKOPO),将高脂组中 10%的猪油替换为 5%的未煎炸棕榈油和 5%的南极磷虾全脂质;南极磷虾全脂质组(WKOTPC),将高脂组中 10%的猪油替换为 5%的总极性物质及 5%的南极磷虾全脂质。

表 5-1　不同分组实验小鼠喂养饲料组成
Table 5-1　Composition of experimental diets

组成	NC	HF	PO	TPC	WKO	WKOPO	WKOTPC
玉米淀粉/(g/kg)	654.5	494.5	494.5	494.5	494.5	494.5	494.5
猪油/(g/kg)	0	200	100	150	150	100	100
未煎炸棕榈油/(g/kg)	0	0	100	0	0	50	0
总极性物质/(g/kg)	0	0	0	50	50	0	50
南极磷虾脂质/(g/kg)	0	0	0	0	0	50	50
酪蛋白/(g/kg)	202.9	202.9	202.9	202.9	202.9	202.9	202.9
麦芽糊精/(g/kg)	50.7	50.7	50.7	50.7	50.7	50.7	50.7

续表

组成	NC	HF	PO	TPC	WKO	WKOPO	WKOTPC
纤维素/(g/kg)	50.7	50.7	50.7	50.7	50.7	50.7	50.7
DL-蛋氨酸/(g/kg)	3	3	3	3	3	3	3
蔗糖/(g/kg)	1	1	1	1	1	1	1
酒石酸胆碱/(g/kg)	1	1	1	1	1	1	1
氯化钠/(g/kg)	2	2	2	2	2	2	2
碳酸钙/(g/kg)	13.2	13.2	13.2	13.2	13.2	13.2	13.2
碳酸氢钙/(g/kg)	10.1	10.1	10.1	10.1	10.1	10.1	10.1
胆固醇/(g/kg)	0	10	10	10	10	10	10
柠檬酸钾/(g/kg)	10.1	10.1	10.1	10.1	10.1	10.1	10.1
矿物质混合物/(g/kg)	0.6	0.6	0.6	0.6	0.6	0.6	0.6
维生素混合物/(g/kg)	0.2	0.2	0.2	0.2	0.2	0.2	0.2
总极性物质/(g/kg)	0	3	3	3	15	40	3
能量密度/(kcal/kg)	3 839.2	4 549.2	4 549.2	4 549.2	4 549.2	45 49.2	4 549.2

实验小鼠都于恒温恒湿封闭环境(温度控制在 25℃±2℃,湿度控制在 60%±5%)喂养 12 周,控制 12 h 昼夜交替循环。实验期间所有小鼠均可自由饮水及进食,每日监测实验小鼠摄食量、每周监测实验小鼠体重变化,每两周剪尾取血检测小鼠血清总胆固醇(TC)及血清总甘油三酯(TG)。本书开展的动物实验得到了江南大学动物实验伦理委员会的批准(批准号:JN No. 30 2015),所有操作步骤均符合国家规定。

5.2.3.3　实验小鼠葡萄糖耐量的测定

进行实验小鼠葡萄糖耐量测定前,对小鼠禁食 6 h,实验开始后在小鼠腹部注射浓度为 10% 的 D-葡萄糖溶液(按 1.5 mL 葡萄糖/体重 kg 注射),剪尾取血后立即测定血糖浓度,该点记为 0 min,然后每 30 min 剪尾测定血糖浓度,分别记为 30 min、60 min、90 min、120 min。

5.2.3.4　实验小鼠生物组织的收集

实验小鼠处死前,检测实验小鼠基本指标,采取眼球取全血方式收集全血,随即将全血置于 4℃、800g 下离心 15 min 以分离血清,分装后于−80℃ 下保存备用。实验小鼠断颈处死后,解剖小鼠,收集脏器(心脏、肝脏等)和组织并用生理盐水洗涤去除残留的血液,用滤纸拭干后进行称重并计算相应的脏器指数(脏器重量/体重×100%)。

5.2.3.5 实验小鼠肝脏的组织化学分析

肝脏和组织用4%多聚甲醛溶液固定48 h,然后再转移至包埋盒中机器脱水后采用石蜡进行包埋,冷却后进行切片。随后,对切片进行H&E染色、显微镜观察拍照。最后,根据NAFLD评分系统对切片进行相应的评分[215]。

5.2.3.6 实验小鼠血清生物化学指标测定

采用Roche P800全自动生化检测仪测定了实验小鼠血清中总三酰甘油(TG)含量、总胆固醇(TC)含量、高密度脂蛋白-胆固醇(HDL-C)浓度、低密度脂蛋白-胆固醇(LDL-C)浓度,以及血清中谷丙转氨酶(ALT)及谷草转氨酶(AST)的活力等生化指标。采用酶标仪结合相应的检测试剂盒分析血清和肝脏中丙二醛(MDA)含量和肝脏中超氧化物歧化酶(SOD)活力。

5.2.3.7 实验小鼠肝脏脂肪酸特征分析

参照Folch等的方法提取了实验小鼠肝脏中总脂肪[216]。具体为:在肝脏组织上大致相同的位置取0.2~0.3 g组织,低温盐溶并均质,采用氯仿/甲醇(2:1,V/V)混合溶剂萃取均质溶液中的总脂肪。氮吹后于-80℃下保存备用。肝脏脂肪中的脂肪酸组成与含量按照2.2.3.9节描述的方法进行。

5.2.3.8 实验小鼠肝脏中相关基因表达水平的测定

取C57BL/6J小鼠肝脏样品(保存在RNAlater中,每组选用3只小鼠)加入TRIzol试剂,均质后按照说明书操作步骤分离提取RNA,反转录成cDNA。然后,通过RT-PCR进行分析,目的基因相对表达水平以肌动蛋白(β-actin)为参照进行计算。实验选用引物设计软件Primer5.0设计引物序列,见表5-2。

表5-2 脂肪代谢相关基因引物设计
Table 5-2 Related gene primer design of lipid metabolism

引物名称	正向	反向
β-actin(NM_007393.3)	5'-ACTGCCGCATCCTCTTCCTC-3'	5'-CTCCTGCTTGCTGATCCACATC-3'
Srebp-1c(NM_011480.3)	5'-CTGGAGACATCGCAAACAAGC-3'	5'-ATGGTAGACAACAGCCGCATC-3'
Scd1(NM_009127.4)	5'-CTGCCTCTTCGGGATTTTCTACT-3'	5'-GCCCATTCGTACACGTGATTC-3'
PPARα(NM_011144.6)	5'-GCAGTGCCCTGAACATCGA-3'	5'-CGCCGAAAGAAGCCCTTAC-3'
Cpt1α(NM_013495.2)	5'-GAGAAATACCCTGACTATGTG-3'	5'-TGTGAGTCTGTCTCAGGGCTAG-3'
Acox1(NM_015729.3)	5'-GCCTGCTGTGTGGGTATGTCATT-3'	5'-GTCATGGGCGGGTGCAT-3'

采用 $2^{-\triangle\triangle Ct}$ 法分析相对表达量,其具体计算公式如下:

$$F = 2^{-\left[(待测组目的基因平均Ct值-待测组管家基因平均Ct值)-(对照组平均Ct值-对照组管家基因Ct值)\right]}$$

式中,Ct 值为最先超过阈值信号的循环数;F 则为目标基因的相对表达量(以对照组中的目的基因表达量为1)。

5.2.4　统计学分析

本章中所有数据以"平均值±标准误差"(SD)表示,选用软件 SPSS17.0 进行方差分析(ANOVA),当 $P<0.05$ 时具有统计学差异;选用软件 Origin8.0 作图。

5.3　结果与讨论

5.3.1　棕榈油基极性物质测定及分离

前期研究表明[213],煎炸油煎炸后,其中的极性物质含量与其电导率之间有较好的相关性。煎炸过程中极性物质含量的变化结果见图 5-1。

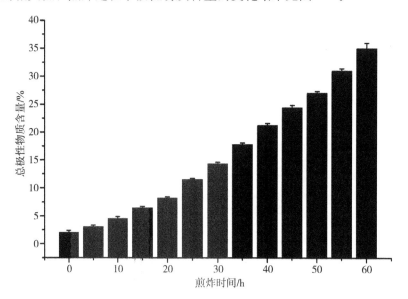

图 5-1　棕榈油煎炸后极性物质含量与煎炸时间的关系

Figure 5-1　The relationship between the content of polar components and frying time

由图 5-1 可知,随着煎炸的进行,体系中的极性物质含量持续升高,升高的趋势表现出先慢后快的趋势。中国国家标准《食用植物油煎炸过程中的卫生标准》(GB 7102.1—2003)对煎炸油的理化指标做了规定,明确规定用作煎炸的食用油其极性组分不得高于 27%。本书中当煎炸时间为约 50 h 时,总极性物质含量约 27%。因此,选择煎炸 50 h 后为煎炸终点,以此使用后的煎炸油为原料采用硅胶柱层析法分离其中的总极性物质。分离过程中采用薄层色谱(TLC)法监控分离效果,当含有极性组分的洗脱液中无法检出非极性组分时开始极性组分的收集,其 TLC 效果图见图 5-2。

图 5-2　极性物质与新鲜棕榈油 TLC 分离效果图(左:极性物质;右:非极性物质)
Figure 5-2　TLC evaluation of separation efficiency of polar components and nonpolar components (left: polar compounds; right: nonpolar compounds)

在图 5-2 中,右边条带的非极性组分(主要为 TAG)聚集在硅胶板顶端,左边条带的极性组分在硅胶板顶端基本无痕迹,这表明非极性物质已基本被洗脱干净,极性组分中基本不含有非极性组分,分离效果好。

5.3.2　南极磷虾脂质对实验小鼠摄食及生长的影响

脂质分离加工方法(如热榨和冷榨工艺)很大程度影响了脂质性质及其微量成分[217]。饮食结构(包括饮食种类、食量等)通常是导致肥胖非常重要的一个原因。饮食中的脂肪含量及能量密度与动物体体重增长、肥胖和代谢性疾病紧密相关[218]。为考察新工艺制备的南极磷虾脂质[44]的生物效应,设计开展了本动物实验。整个喂养实验期间 C57BL/6J 小鼠没有出现异常行为、疾病,没有意外死亡等情况发生。喂养期间实验小鼠基本生理指标的变化情况见表 5-3。

表 5-3　喂养期间实验小鼠基本生理指标的变化

Table 5-3　Basic physiological indexes of the mice for 12 weeks

	日均摄食/g	体重增长/g	肝脏/g	肝脏/体重/%	睾周脂/g	睾周脂/体重/%
NC	3.40±0.10a	5.65±0.12d	1.12±0.02a	4.52±0.03a	1.50±0.27d	6.05±0.88d
HF	2.65±0.10b	10.05±0.14b	1.25±0.07d	4.88±0.09d	4.02±0.46b	14.28±1.68b
PO	2.60±0.10b	11.45±0.19a	1.36±0.12b	5.18±0.08b	3.88±0.45a	14.78±1.52a
TPC	2.5±0.14b	8.49±0.13c	1.51±0.16c	5.32±0.12c	3.53±0.38c	12.44±1.26c
WKO	2.70±0.10b	7.88±0.16c	1.14±0.09a	4.64±0.06a	3.07±1.05bc	12.50±2.10bc
WKOPO	2.65±0.10b	8.29±0.16c	1.10±0.06a	4.50±0.08a	3.21±0.42c	13.13±0.72c
WKOTPC	2.45±0.12b	8.65±0.22c	1.17±0.05a	4.72±0.10a	3.44±0.52c	13.89±1.74c

注:含有不同小写字母的数据表示有显著性差异($P<0.05$);NC:对照组;HF:高脂组;PO:新鲜棕榈油组;TPC:极性物质组;WKO:南极磷虾全脂质组;WKOPO:南极磷虾全脂质棕榈油组;TKOTPC:南极磷虾全脂质极性物质组。

　　由表 5-3 可知,高脂喂养组小鼠各组之间日均摄食量无显著性差异,均比 NC 组小鼠低约 20%,这可能是因为高脂饮食导致了小鼠 leptin 蛋白表达水平升高[219],从而引起了小鼠食欲的下降。高脂饮食无论是南极磷虾脂质还是新鲜煎炸油棕榈油或煎炸油分离的极性物质,均未对小鼠的饮食消耗量产生影响;高脂饮食小鼠体重增加均明显高于 NC 组小鼠的体重增加,其中 PO 组小鼠、HF 组小鼠增重相对较多;饲料添加南极磷虾脂质喂养的小鼠及饲料添加极性物质喂养的小鼠增重相对较少。对于小鼠肝脏及肝脏脏器指数,TPC 组最大,然后

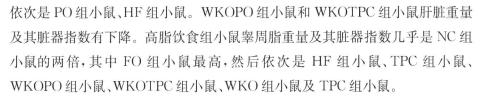

依次是 PO 组小鼠、HF 组小鼠。WKOPO 组小鼠和 WKOTPC 组小鼠肝脏重量及其脏器指数有下降。高脂饮食组小鼠睾周脂重量及其脏器指数几乎是 NC 组小鼠的两倍，其中 FO 组小鼠最高，然后依次是 HF 组小鼠、TPC 组小鼠、WKOPO 组小鼠、WKOTPC 组小鼠、WKO 组小鼠及 TPC 组小鼠。

实验过程中小鼠均是自由进食，NC 组小鼠与其他高脂饮食小鼠平均摄入总能量（能量密度×摄食量）无显著性差异（$P<0.05$）。高能量密度饮食易导致体重增加和肥胖产生[220]。棕榈油中含有较多的饱和脂肪酸，将更易导致肥胖和代谢性疾病[221]，因此 PO 组小鼠体内积累了更多脂肪组织。Miller 等[222]、Lu 等[223]报道了脂质中极性物质对机体的影响与其剂量及膳食中总脂肪含量相关，低剂量极性物质在生理效应上等同于普通脂质，极性物质在膳食中高脂质含量背景下的生物反应则更为复杂。本书中 TPC 组小鼠肝脏及其肝脏脏器指数均最大，可见在高脂（20%）膳食背景下，氧化甘油三酯的各种聚合物一方面不容易被吸收利用，同时还干扰了脂肪酶对脂质的水解作用[224]。

综上，实验小鼠在总摄入能量基本相同的情况下，高脂饮食更加容易增加体重，导致脂肪的积累；高脂饮食背景无论什么类型脂肪均能引起脂肪的聚集，不同的脂肪类型对脂肪的聚集效应有差异；棕榈油易导致动物体体内脂肪聚集，极性物质易导致肝脏变大；自由摄食情况下，食谱中添加南极磷虾脂质对体重控制起正面效应，其他研究人员也得到类似结果[89, 225]。

5.3.3 南极磷虾脂质对实验小鼠脂代谢及肝脏组织的影响

对实验小鼠肝脏进行了组织病理检测，对肝脏组织进行了生物切片及染色观察，对肝脏切片进行了病理学评分，同时还检测了小鼠血清中相关血脂指标。

如图 5-3 所示，对实验小鼠肝脏在解剖时进行组织病理检测，该方法一般应用于评价肝脏组织脂肪变性程度、炎症、坏死程度的诊断，检测结果显示所有实验小鼠肝脏未见明显缺陷和组织坏死或变异，各组小鼠肝脏在表观颜色、触感、大小等方面存在一定差异。NC 组小鼠肝脏表面光滑、色泽红润、组织弹性好、质地柔软；HF 组小鼠肝脏组织有油腻感、表面见发白脂肪糜；PO 组小鼠肝脏表面油腻、呈粉白色，组织表面可见白色脂肪糜；TPC 组小鼠肝脏表面油腻、呈粉白红色，有可见脂肪粒分布于整个组织。饲料添加南极磷虾脂质喂养的 WKO 组小鼠、WKOPO 组小鼠、WKOTPC 组小鼠肝脏与对应的 HF 组小鼠、PO 组小

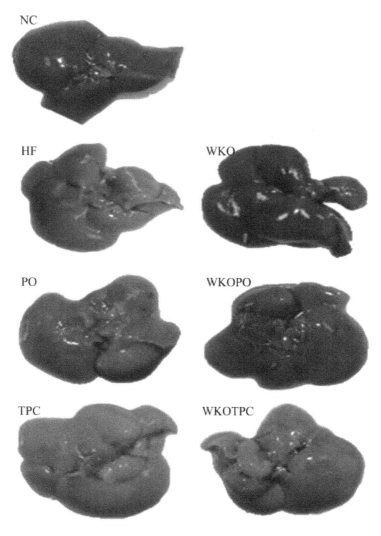

图 5-3　实验小鼠肝脏形态
Figure 5-3　Morphology of liver of the mice

鼠、TPC 组小鼠对比，南极磷虾脂质的摄入从表观上看，肝脏颜色变得更鲜红，这意味着表面或内部可见脂肪相对减少。其中，WKO 组小鼠肝脏与 NC 组小鼠肝脏表观相似。有研究表明，肝脏脂肪含量高易引起脂肪肝等疾病[226, 227]。

如图 5-4 所示，将 H&E 染色切片在光镜下观察，其结果与肉眼观察结果基本一致。NC 组小鼠肝脏组织基本不含可见脂肪粒、细胞形态紧密、大小正常，近圆形细胞核位于细胞中央，未见炎症细胞；HF 组小鼠肝细胞大小不均一、排

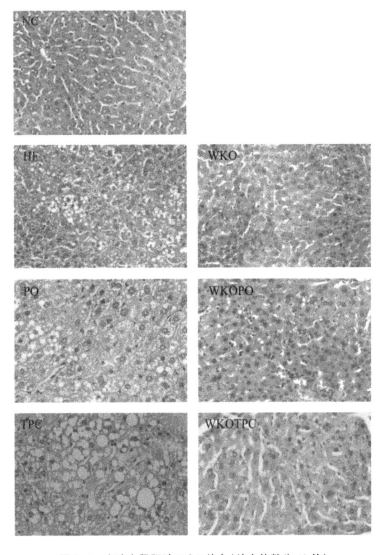

图 5-4 实验小鼠肝脏 H&E 染色（放大倍数为 40 倍）
Figure 5-4 H&E staining of the liver from the mice（magnification, 40X）

列不规则,细胞内可见较多脂肪粒,有融合现象,肝细胞形态不正常;PO 组肝脏细胞大小不一,排列混乱,脂肪粒较多且大小不一;TPC 组小鼠肝脏细胞损伤严重,遍布脂肪粒,肝脏细胞不规则,且排列混乱。饲料添加虾脂质喂养的 WKO 组小鼠、WKOPO 组小鼠和 WKOTPC 组小鼠肝脏细胞内脂肪粒变少、细胞形态趋于正常、肝脏细胞内仍然可见小尺度的脂肪粒,其中 WKOTPC 组小鼠肝脏细胞内脂肪粒在这3组中最明显。结果显示,棕榈油及其棕榈油基极性物质对高脂膳食背景下实验小鼠的肝脏产生了一定的负面效应,有可能导致肝脏细胞病变、肝内脂肪变性等危害,而膳食摄入南极磷虾脂质在一定程度上降低了上述风险。

为直观全面地展示实验小鼠肝细胞中脂肪堆积情况,根据肝细胞中脂肪粒评分标准对切片进行了评分,结果见表5-4。

表5-4 实验组小鼠肝脏切片病理学评分
Table 5-4 Histological characteristics of the mice

项目	定义	评分	各组中评分所占比例(N=10)						
			NC	HF	PO	TPC	WKO	WKOPO	WKOTPC
脂肪粒	基本无脂肪粒	0	100	0	0	0	10	0	0
	有少量脂肪粒	1	0	0	0	10	80	80	70
	有明显脂肪粒	2	0	100	100	90	10	20	30

表5-4所示,NC组小鼠肝脏切片中均未观察到脂肪堆积,评分为0。其他高脂饲料喂养小鼠均可见脂肪粒,其中TPC组小鼠中除1只小鼠肝脏切片中脂肪粒较少外,其他小鼠肝脏切片均可见大且多的脂肪粒;HF组小鼠和PO组小鼠中均可见大量脂肪粒,前者中的脂肪颗粒更集中、尺寸稍小,后者脂肪粒大但其分布更广;饲料添加南极磷虾脂质后WKO组小鼠、WKOPO组小鼠、WKOTPC组小鼠肝脏切片中脂肪粒变少,不过在WKOTPC组小鼠中有个别小鼠肝脏切片见较多脂肪粒。该结果与以上肝细胞形态分析结果基本一致。

生物体在正常状态下血脂代谢处于平衡状态。当食谱改变或生物体发生病变时,动物体正常的脂代谢将被打破,血清中的生化指标便会做出相应的响应。南极磷虾脂质对实验小鼠的血清生化指标响应结果见表5-5。

表5-5 实验小鼠血清中TC、TG、HDL-C、LDL-C含量(mmol/L)
Table 5-5 Plasma lipids contents (mmol/L) under different diets

分组	TC	TG	HDL-C	LDL-C
NC	2.58±0.11a	0.65±0.11a	2.40±0.06a	0.10±0.03a
HF	3.76±0.20c	0.78±0.12b	3.13±0.31b	0.64±0.12b
PO	4.04±0.27b	0.88±0.17b	3.54±0.19b	0.56±0.09b
TPC	5.14±0.36d	0.74±0.14b	4.35±0.50c	0.86±0.11d

分组	TC	TG	HDL-C	LDL-C
WKO	3.29±0.31c	0.74±0.09b	2.93±0.49a	0.46±0.12c
WKOPO	3.28±0.48c	0.62±0.08a	3.03±0.35b	0.41±0.06c
WKOTPC	4.34±0.40e	0.80±0.12b	3.86±0.44d	0.67±0.08e

注：含有不同小写字母的数据表示有显著性差异（$P<0.05$）。

由表 5-5 可知，高脂模型实验小鼠血清 TC 和 TG 含量均高于正常对照组小鼠，其中 TC 含量最高的是 TPC 组，而 TG 含量最高的是 PO 组。TPC 组、TC 组显著高于 PO 组和 HF 组（$P<0.05$），分别高约 21.4％和 26.8％。饮食摄入南极磷虾脂质后，TC 有了较为明显的下降，其中 WKO 组小鼠相对于 HF 组小鼠下降了 12.8％，WKOPO 组小鼠相对于 PO 组小鼠下降了 18.8％，WKOTPC 组小鼠相对于 TPC 组小鼠下降了 15.6％。高脂饮食实验小鼠血清 TG 较 NC 组有明显的升高，但是不同类型高脂小鼠间的差异并不是太明显；本实验中血清 TG 含量的变化与实验小鼠体重增量变化正相关，血清 TC 含量变化与实验小鼠体重增量负相关。可知，南极磷虾脂质通过膳食进入高脂饮食背景小鼠后，发挥了降低血清胆固醇的作用。

LDL-C 结果显示，高脂饮食小鼠较 NC 组高 4～7 倍，其中 TPC 组小鼠最高，比 HF 组小鼠和 PO 组小鼠分别高 34.4％和 53.6％。饮食摄入南极磷虾脂质后，LDL-C 有下降趋势，其中 WKO 组相对于 HF 组小鼠下降了 6.4％，WKOPO 组小鼠相对于 PO 组小鼠下降了 14.4％，WKOTPC 组小鼠相对于 TPC 组小鼠下降了 11.2％；LDL-C 是动脉粥样硬化一个较为明确的风险因素[228]，LDL-C/HDL-C 被称为"动脉粥样硬化指数"，它与脂质代谢紊乱疾病具有较高的相关性[229]。实验小鼠由于食谱变化，其 AI 值也有相应变化，具体为：HF(0.204)＞TPC(0.198)＞WKOTPC(0.174)＞WKO(0.157)＞PO(0.158)＞WKOPO(0.137)＞NC(0.041)。这一结果显示棕榈油及其极性物质通过膳食进入高脂饮食的有机体从而干扰了正常的脂质代谢，增加了该有机体罹患动脉粥样硬化疾病的风险，而南极磷虾的摄入则在一定程度上降低了这一风险。其他学者也报道了相似结果，如针对小鼠[87,88]、大鼠[225]、兔[91]及人类[82,230]等，作为膳食补充剂摄入南极磷虾脂质可降低高胆固醇。此外，还发现南极磷虾脂质针对 PO 组的调节能力要好于 TPC 组。

本实验中南极磷虾脂质富含 ω-3 PUFA、PL 及虾青素等天然抗氧化物质。其中,ω-3 PUFA 可通过改变肝脏基因表达、加速脂肪酸代谢、降低炎症反应、增强胰岛素敏感等促进健康[231]。Qi 等[232]报道了饲料中 ω-3 PUFA 能够通过减少内源 TAG 合成来减少血脂 TAG 含量。南极磷虾脂质能够抑制小鼠高脂饮食导致的肥胖和肝脏 TAG 的聚集[233]。研究发现,鱼油来源 ω-3 PUFA 也可抑制肥胖小鼠肝脂肪变性[234]。和鱼油相比,南极磷虾脂质中 ω-3 PUFA 大量的结合在 PL 中,这更有利于脂质代谢[235]。EPA 和 DHA 及其代谢产物 DPA 等可通过再溶素、保护素和胰岛素敏感效应等产生抗炎作用[236]。肝脏中 DPA 会在 β 氧化过程中调控干扰 PPARα(过氧化物酶体增殖物激活受体 α),进而抑制脂肪合成的相关基因,ω-3 PUFA 会抑制肝脏 apoB 的产生并控制其总量。可见 EPA 和 DHA 的益处不仅限于作为能量供应的脂质代谢,而且还是代谢性疾病的脂质信号调节的关键因素。

综上,棕榈油及其极性物质对生物体脂代谢造成了紊乱,增加了罹患心血管等相关疾病的风险,饮食摄入一定量的南极磷虾脂质后,改善了生物体脂质代谢。

5.3.4 南极磷虾脂质对实验小鼠氧化应激性及肝脏功能的影响

脂质过氧化最重要的过氧化产物是丙二醛(MDA),它可以反映机体脂质过氧化水平,进而可间接表征细胞的损伤严重程度,MDA 值越高说明细胞受损越严重,两者负相关。超氧化物歧化酶(SOD)是机体抗氧化酶体系中最重要的酶之一,可以表征机体抗氧化水平和氧自由基的清除能力,SOD 值越高说明机体抗氧化能力越强,两者正相关。南极磷虾脂质对实验小鼠氧化应激的影响可由 MDA 值和 SOD 值表征。实验小鼠血清及肝脏中 MDA 值和 SOD 值的检测结果见表 5-6。

由表 5-6 可知,与 NC 组小鼠相比,无论是在血清中还是在肝脏中,高脂饮食小鼠 MDA 值均有升高。其中,TPC 组小鼠 MDA 值最高,在血清和肝脏中分别比 NC 组小鼠增加了 37.1% 和 43.8%。高脂饮食条件下极性物质更加显著地导致了生物体 MDA 的生产,这说明了氧化脂质的摄入严重干扰了生物体的抗氧化能力,对机体造成了氧化性损伤。相同水平高脂饮食条件下,在食谱中增加南极磷虾脂质则明显降低了生物体 MDA 的产生。WKO 组、WKOPO 组、

WKOTPC 组小鼠血清 MDA 值比 HF 组、PO 组、TPC 组小鼠分别下降了 16.3%、14.6%、9.1%,肝脏 MDA 值分别下降了 21.1%、14.4%、12.3%。极性组分和高脂组分均导致了实验小鼠血清及肝脏 SOD 值降低,其中 HF 组和 TPC 小鼠在统计学上无差异。摄入添加南极磷虾脂质饮食的实验小鼠(WKO 组、WKOPO 组、WKOTPC 组)血清及肝脏中 SOD 值均有上升,相互之间无统计学差异。

表 5-6 实验小鼠血清及肝脏 MDA 含量和 SOD 活力
Table 5-6 MDA levels and SOD contents in Plasma and Hepatic of the mice under different diets

分组	血清		肝脏	
	MDA (mmoL/L)	SOD (U/mL)	MDA(mmoL/mg protein)	SOD (U/mLprotein)
NC	21.90±1.38a	137.91±10.39a	1.46±0.01a	28.32±1.29a
HF	28.24±1.33b	114.35±8.48b	1.90±0.02b	24.51±1.01b
PO	28.78±2.55b	131.68±6.46a	1.80±0.04c	26.79±1.25b
TPC	30.02±1.28c	125.36±7.56b	2.10±0.04d	25.45±2.01b
WKO	23.64±1.13a	155.38±5.32c	1.50±0.03c	29.70±1.34a
WKOPO	24.58±1.89a	150.64±7.58c	1.54±0.02c	28.90±1.08a
WKOTPC	27.28±2.22b	140.28±8.24c	1.84±0.03b	28.24±1.28a

注:含有不同小写字母的数据表示有显著性差异($P<0.05$)。

棕榈油及其极性物质饮食与普通高脂饮食均导致了血清和肝脏 MDA 值升高及 SOD 值下降,但极性物质导致的变化幅度相对更大;当实验小鼠通过饮食摄入南极磷虾脂质后,其血清及肝脏中 MDA 值均有不同程度的下降、SOD 值有不同程度的上升,这说明在南极磷虾脂质的作用下生物体所受到的损伤有所减轻,机体抗氧化水平也有所提高。

肝脏是生物体中最大的解毒器官,当肝细胞发生异常或损伤坏死时,血清中 ALT 和 AST 活力便会升高,肝细胞受损越严重,ALT 和 AST 值就越高,两者正相关。ALT 主要分布在肝细胞胞浆中,而 AST 在肝细胞胞浆以及肝细胞线粒体中均有分布。当肝细胞发生轻微损伤时,仅肝细胞浆内的 ALT 释放,表现为血清 ALT 值升高;当肝细胞遭到较为严重的破坏(如肝硬化、肝癌等)时,线粒体中的 AST 将释放,血清检查表现为 AST 值明显升高。为深入探究南极磷虾脂质在不同饮食下影响实验小鼠肝脏的功能情况,检测了实验小鼠的血清谷丙转氨酶(ALT)及谷草转氨酶(AST)活力,结果见图 5-5。

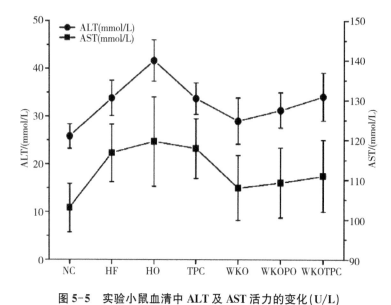

图 5-5　实验小鼠血清中 ALT 及 AST 活力的变化(U/L)

Figure 5-5　Plasma ALT and AST levels (U/L) under different diets

由图 5-5 可知,与 NC 组相比,所有高脂饮食小鼠血清中谷丙转氨酶(ALT)及谷草转氨酶(AST)活力均有升高,这显示了高脂饮食小鼠肝脏功能受到了影响。其中 PO 组的 ALT 和 AST 最大,说明直接摄入含大量饱和脂肪酸的棕榈油对生物体的肝脏功能带来了较大的负面影响。TPC 组小鼠血清 ALT 和 AST 的增加与 HF 组小鼠无显著性差异($P<0.05$)。与 HF 组、PO 组、TPC 组小鼠相比,WKO 组、WKOPO 组、WKOTP 组小鼠血清 AST 和 ALT 值均有不同程度下降。虽然南极磷虾脂质的膳食摄入有效改善了小鼠体内的氧化应激反应,但其对 TPC 组小鼠的改善作用最弱。结果显示,同一水平高脂饮食背景下,生物体摄入南极磷虾脂质在一定程度上可以改善肝功能状况。

南极磷虾脂质之所以具有上述修复细胞损伤、改善肝脏功能的生理作用,这与其特殊的组分密不可分。南极磷虾脂质富含的虾青素,其抗氧化能力是 β-胡萝卜素的数十倍[60],其中的生育酚也在 PUFA 的稳定方面起到了至关重要的作用[237],其中的 PL 还可以增强生育酚的抗氧化性[63]。本书中采用新工艺制备的南极磷虾脂质富含 PUFA、PL、虾青素、生育酚等[44]，从而赋予了该南极磷虾脂质超强的氧化自由基去除能力，因此具有超强的抗氧化作用。Mellouk 等[238]发现，肥胖的大鼠膳食摄入南极磷虾脂质可以降低过氧化应激反应，并降低 DNA 受损的风险。因此，南极磷虾脂质作为膳食补充剂对生物体有益处。

5.3.5 南极磷虾脂质对实验小鼠肝脏脂肪酸组成的影响

膳食中脂肪种类对生物机体组织脂肪代谢和生物体合成的脂肪有一定的相关性。肝脏是生物体最为重要的脂肪代谢场所，不同类型和数量脂肪的摄入对肝脏脂肪代谢的影响最为直接。此外，肝脏脂肪含量与诸多疾病（如脂肪肝、肝炎等）密切相关。实验小鼠的肝脏组织的脂肪酸种类、含量及分析结果见表 5-7 所示。

表 5-7　实验小鼠肝脏脂肪酸分析（mg/肝脏重量 g）
Table 5-7　Hepatic fatty aicds profiles of mice fed different diets (mg/liver g)

脂肪酸/%	NC	HF	PO	TPC	WKO	WKOPO	WKOTPC
C14:0	0.19± 0.05e	0.48± 0.12a	0.52± 0.15a	0.34± 0.08c	0.29± 0.04d	0.46± 0.16a	0.32± 0.11b
C16:0	10.43± 1.32d	24.39± 2.46b	33.74± 2.64a	32.02± 3.92a	16.94± 2.82c	18.94± 2.88c	19.30± 3.74c
C16:1	0.69± 0.12e	2.20± 0.32d	2.74± 0.26a	1.76± 0.14c	0.94± 0.21e	2.05± 0.18b	1.13± 0.46c
C18:0	5.34± 1.33c	8.52± 1.78b	17.01± 2.32a	5.30± 1.38c	4.38± 1.54c	6.54± 1.66c	5.30± 1.38c
C18:1	6.79± 0.76d	48.84± 4.31a	47.49± 4.24b	37.28± 3.88c	29.38± 3.96c	39.61± 3.06d	37.28± 3.62c
C18:2 (n-6)	11.95± 1.44c	26.80± 2.46a	24.53± 2.36a	11.19± 1.96b	7.27± 1.32c	21.49± 2.84a	11.19± 1.02b
C18:3 (n-6)	0.36± 0.02c	0.67± 0.04a	0.67± 0.06a	0.54± 0.05b	0.43± 0.03	0.52± 0.04b	0.54± 0.06b
C20:0	0.17± 0.02c	0.60± 0.01b	0.67± 0.04a	0.71± 0.06a	0.40± 0.03b	0.61± 0.08b	0.67± 0.07a
C20:1	0.29± 0.01d	1.42± 0.04a	1.42± 0.05a	0.92± 0.08	0.73± 0.05c	1.09± 0.11b	0.92± 0.12b

续表

脂肪酸/%	NC	HF	PO	TPC	WKO	WKOPO	WKOTPC
C20:4 (n-6)	4.19±0.42a	4.04±0.33a	3.74±0.12b	3.59±0.14b	4.58±0.24a	4.80±0.26a	4.88±0.20a
C20:5 (n-3)	0.40±0.02d	0.44±0.03d	0.33±0.02e	0.23±0.06e	7.09±0.28a	5.16±0.24b	4.10±0.16c
C22:6(n-3)	3.31±0.22f	2.93±0.16e	4.50±0.18d	2.90±0.24e	8.50±0.42c	13.07±0.35b	19.04±0.65a
Sum (FA)	42.09±4.04e	131.70±12.78b	145.61±15.42a	104.49±10.88c	82.77±9.02d	117.30±11.64c	104.38±13.24c
Sum (SFA)	16.13±2.28e	33.99±4.32c	51.94±6.46a	38.36±3.54b	22.01±2.86d	26.55±2.42d	25.59±2.56d
Sum (UFA)	27.99±3.10c	87.34±9.36a	84.43±7.48a	58.52±6.62b	61.92±7.12b	90.80±10.02a	82.09±8.38a
Sum (MUFA)	7.77±3.21d	52.46±6.34a	51.65±5.36a	39.96±4.68b	31.04±3.45c	42.75±4.42b	39.33±3.48b
Sum (PUFA)	20.22±2.32c	34.88±3.14b	32.78±4.04b	18.56±3.02c	30.87±3.10b	48.05±5.04a	42.75±3.78a
Sum (ω-3FA)	3.71±0.32e	3.37±0.34d	4.83±0.60c	3.13±0.33d	15.58±1.46b	18.23±2.04b	23.14±2.12a
Sum (ω-6FA)	16.51±2.08c	31.50±2.98a	27.95±2.48a	15.42±1.96c	12.29±1.74c	26.82±2.94a	16.61±1.98b
C16:1/C16:0	0.07±0.02b	0.09±0.01a	0.08±0.02a	0.05±0.01b	0.06±0.01b	0.11±0.02a	0.06±0.01b
C18:1/C18:0	1.27±0.34e	5.73±10.98c	2.79±0.42d	7.03±0.62a	6.71±0.46a	6.06±0.38b	7.03±0.68a

注:含有不同小写字母的数据表示有显著性差异($P<0.05$)。

由表5-7可知,高脂饲料喂养小鼠肝脏中所有检测出的各脂肪酸总量显著高于NC组脂肪酸总量。其中PO组及TPC组肝脏脂肪酸总量是NC组小鼠肝脏脂肪酸总量的3.12倍和3.46倍。在检测出的12种脂肪酸中棕榈酸(C16:0)、油酸(C18:1)、亚麻酸(C18:2)含量相对较高,这3种脂肪酸之和几乎占检出脂肪酸总量的50%。高脂饲料喂养后,小鼠肝脏脂肪酸与NC组脂肪酸对比变化显著。高脂组中,饮食摄入南极磷虾脂质组SFA有降低、PUFA有升高。各组之间花生四烯酸(C20:4)含量变化不大,较为稳定。饲料添加南极磷虾脂质喂养的小鼠肝脏中检测到较为明显的总 ω-3 UPFA 的增加,这可能是因为磷脂型 ω-3 UPFA 可以促进肌肉、肝脏及脂肪等组织对 ω-3 UPFA 的吸收[239];Betetta 等[240]采用鱼油和磷虾油分别喂养肥胖大鼠,发现磷虾油组大鼠心脏和肝脏脂肪中 DHA 和 EPA 脂肪酸要显著高于鱼油组小鼠,这也说明了生物体可以更好地吸收利用磷脂型多不饱和脂肪酸。PO 组、HF 组及 WKOPO 组小鼠肝脏中总 ω-6 UPFA 含量较高,而 TPC 组、WKO 组和 NC 组小鼠肝脏中总 ω-6 UPFA 含量较低,极性物质和南极磷虾脂质均导致了 ω-6 UPFA 含量降低,但其机理可能存在差异。

肝脏脂肪酸组成和含量可以反映肝脏功能,而肝脏的各项功能又对各种脂肪酸合成有积极影响。如硬脂酰辅酶 A 去饱和酶(SCD)是肝细胞内单不饱和脂肪酸合成的限速酶,其可通过催化饱和脂肪酸的脂酰辅酶 A 脱氢来生成单不饱和脂肪酸。因此,可采用油酸(C18:1)和硬脂酸(C18:0)的比值及棕榈油酸(C16:1)和棕榈酸(C16:0)的比值来表征脂肪酸去饱和酶(SCD1)的活力[241],进而反映肝脏功能。对比 PO 组、TPC 组、WKOPO 组、WKOTPC 组,小鼠肝脏中 C16:1/C16:0 和 C18:1/C18:0 均有一定程度上升。由此可以推论,棕榈油及棕榈油基极性物质可能会干扰肝脏总脂肪酸代谢,而摄入南极磷虾脂质后会减弱这种干扰。

5.3.6 南极磷虾脂质对实验小鼠糖代谢的影响

高脂饮食能导致脂肪在生物体内集聚,进而导致肥胖和其他如糖代谢胰岛素不耐受等代谢紊乱[242]。高脂饮食导致的肝脏胰岛素不耐受在 3d 内可以被观察到,然而在外周组织的胰岛素不耐受需要三周时间才能被观察到[243,244]。为了解南极磷虾脂质对通过膳食摄入棕榈油及其极性物质的高脂小鼠糖代谢的影响,本书对处死前的实验小鼠进行了葡萄糖耐量实验,结果见图 5-6。

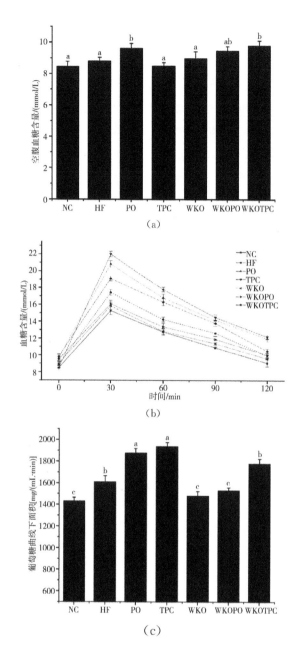

图 5-6 实验小鼠葡萄糖耐量实验[(a)空腹血糖含量;(b)血糖水平的变化;
(c)血糖变化的曲线下面积]

Figure 5-6 Glucose tolerance test of the mice [(a)Fasting blood glucose level;
(b) Changes of plasma glucose levels in glucose tolerance test;
(c) AUC for blood glucose over 2 h in glucose tolerance test]

注:含有不同小写字母的数据表示有显著性差异($P<0.05$)。

图 5-6(a)，PO 组小鼠和 WKOTPC 组小鼠的空腹血糖含量要高于其他组，包括 TPC 组小鼠在内的剩余各组空腹血糖无显著性差异。注射葡萄糖 2 h 后发现，实验小鼠体内葡萄糖有较大变化。与 NC 组相比，高脂饮食喂养小鼠血液中血糖水平均有不同程度上升，其中上升最明显的是 TPC 组小鼠，其次是 PO 组小鼠。当饲料中添加南极磷虾脂质后，体内血糖 30 min 时检测的最高血糖水平低于 HF 组小鼠。就血糖面积而言[图 5-6(b)、(c)]，PO 组小鼠和 TPC 组小鼠葡萄糖皮下注射后 2 h 内血糖变化曲线下面积(Area under the curve, AUC)较 NC 组小鼠增加明显，分别增加了 31.2% 和 35.5%。摄入南极磷虾脂质后实验小鼠 AUC 均有不同程度下降。与 PO 组小鼠和 TPC 组小鼠相比，WKOPO 组小鼠和 KOTPC 组小鼠 AUC 值分别下降了 18.4% 和 8.2%。WKO 组小鼠和 HF 组小鼠 AUC 值下降了约 8.1%。可见，富含饱和脂肪酸的棕榈油及其极性物质干扰了正常葡萄糖代谢水平，而当富含 PUFA、PL、虾青素 V_E 等天然抗氧化物质的南极磷虾脂质以膳食摄入后，生物体内血糖水平的快速上升被抑制，AUC 值也随之降低。

高脂饮食小鼠体内脂肪的堆积有可能对小鼠体内葡萄糖代谢造成一定的干扰。如脂肪组织分泌的 TNFα、脂联素、瘦素、抵抗素等脂肪细胞因子被发现与胰岛素敏感程度的下降有一定的相关性[245, 246]。在饲料中添加 20% 氧化大豆油喂养小鼠，小鼠也表现为葡萄糖不耐症状，但其原因不是胰岛素抗性[224, 247, 248]，而是小鼠体内胰岛素的缺乏所致[224]。由此可见，虽然造成不利影响的途径不尽相同，但其最终的不利结果则相似。本研究发现，生物体摄入一定量的南极磷虾脂质对保持正常的糖代谢水平有一定的正面效应，其他研究人员以兔子[91]、小鼠[87, 249]、人类[82] 等为研究对象也得到了类似结果。

综上，棕榈油及棕榈油基极性物质对 C57BL/6J 小鼠葡萄糖耐量的影响与其他高脂喂养组小鼠糖耐量的影响趋势基本一致，均降低了胰岛素的不耐受性，从而增加了生物体罹患糖尿病的风险。在同一水平高脂饮食背景下，膳食摄入南极磷虾脂质对由膳食摄入棕榈油导致的糖代谢紊乱有较好的改善作用，但对由于膳食摄入棕榈油基极性物质引起的糖代谢紊乱的改善作用有限。

5.3.7 南极磷虾脂质对实验小鼠肝脏中相关基因表达的影响

为了进一步了解南极磷虾脂质对高脂饮食背景 C57BL/6J 小鼠摄入棕榈油

及棕榈油基极性物质的综合影响,借助 RT-PCR 技术,检测了实验小鼠肝脏中调控脂质合成的上游基因 Srebp-1c、Scd1,以及 PPARα、Cpt1α、Acox1 的表达水平,结果见图 5-7。

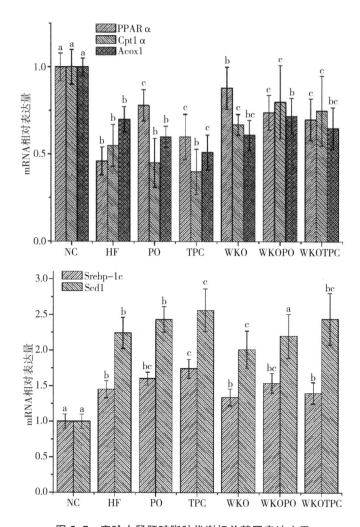

图 5-7　实验小鼠肝脏脂肪代谢相关基因表达水平

Figure 5-7　The relative mRNA levels for relate genes expression level in the livers of the mice

注:含有不同小写字母的数据表示有显著性差异($P<0.05$)。

由图 5-7 可知,Srebp-1c(调控脂质合成的上游基因)在高脂饲料喂养小鼠中均有上调,在饲料中添加南极磷虾脂质后,该基因表达水平显著下调。其中,

WKOPO 组小鼠下调程度大于 WKOTPC 组小鼠。实验小鼠肝脏中 Scd1(脂肪酸去饱和酶调控基因)表达水平的变化趋势与 Srebp-1c 较为一致。主要在肝脏组织中表达的 PPARα 是脂质代谢关键调控因子[250],其能促进线粒体中脂肪酸转运相关的基因表达,进而促进脂肪酸氧化。与 NC 组小鼠相比,高脂喂养小鼠 PPARα(脂肪酸氧化代谢相关调控基因)的表达水平均有下调,但当饲料中添加南极磷虾脂质喂养小鼠后,该基因表达水平有不同程度下调。深入考察了 PPARα 基因的下游基因在 RNA 水平下 Acox1(乙酰辅酶 A 氧化酶)和 Cpt1α(肉毒碱棕榈酰基转移酶)基因表达水平时发现,不同摄食对应的变化规律与 PPARα 基因基本一致。其中,Acox1 基因的主要作用是调节脂肪酸在线粒体和过氧化物酶体中的 β-氧化,其能促进脂肪酸代谢[251, 252]。可知,棕榈油及棕榈油基极性物质影响了小鼠肝脏正常的脂肪代谢,具体表现在上调了肝脏脂肪合成基因 Srebp-1c 的表达水平,造成了肝脏脂肪的合成紊乱,很大程度会导致肝脏中脂肪过量[241]。

本实验与前期实验[253]的主要不同在于本实验中饲料采用了更高含量的极性物质(由 3.5%增至 5%)和更高的饲料总脂肪含量(由 15%增至 20%)。本结果也进一步说明了摄入极性物质会导致了实验小鼠肝脏脂肪代谢的紊乱。当富含 ω-3 PUFA 的南极磷虾脂质介入后,PPARα 基因及其下游基因表达水平均检测到了上调,这表明南极磷虾脂质不同程度地增强了肝脏中脂肪的氧化分解作用,减少了肝脏中脂肪的积累。饲料中添加南极磷虾脂质喂养小鼠肝脏中 Scd1 的表达量与用相应饲料喂养小鼠肝脏中该基因的表达量相比均有上调,这与肝脏脂肪酸检测中 C16:0/C16:1 与 C18:0/C18:1 的变化趋势基本一致。

综上,棕榈油及棕榈油基极性物质干扰了生物体内不饱和脂肪酸的合成,对生物体的健康产生了不利的影响,而南极磷虾脂质摄入后对这种不利的风险有一定的控制。

5.4 本章小结

(1) 实验验证了煎炸油(棕榈油)及其煎炸后分离的极性物质对高脂饮食近交系 C57/BL 小鼠脂代谢及糖代谢有不同程度的负面影响,增加了小鼠罹患心血管疾病及糖尿病的风险。同时发现,棕榈油及棕榈油基极性物质的摄入对在高脂饮食背景下实验小鼠肝脏功能有不同程度的负面影响。

（2）通过对实验小鼠饮食、生长、血清指标、器官检查、肝脏切片以及糖耐量的监测，发现本实验采用新工艺制备的南极磷虾脂质可在一定程度上改善高脂饮食背景下近交系 C57/BL 小鼠的脂代谢和糖代谢水平，降低小鼠罹患心血管疾病及糖尿病的风险。对亚临界丁烷制备的南极磷虾脂质对高脂 C57/BL 小鼠脂代谢和糖代谢的影响进行了研究，发现南极磷虾脂质可以调节高脂 C57/BL 小鼠脂代谢和糖代谢。

（3）通过对实验小鼠脂质合成和氧化代谢相关基因的检测，发现棕榈油及棕榈油基极性物质不同程度地上调了肝脏中脂质基因水平，不同程度地下调了肝脏中脂质分解代谢水平；而通过饲料摄入南极磷虾脂质后，实验小鼠肝脏脂质合成相关基被下调，而脂质分解代谢相关基因有不同程度的上调。

第六章

主要结论与展望

6.1 主要结论

（1）开发了一种适温脱水工艺流程——热泵脱水耦合冷冻干燥的联合脱水，确定了联合脱水水分最佳转换点水分含量为 $40\%\pm1\%$；综合对比研究了适温耦合脱水、热风脱水、冷冻脱水、热泵脱水南极磷虾干品（粉）的品质，发现完全冷冻干燥与耦合脱水处理所得干品均具有较好的脂质提取率，其脂质 AV 较低、虾青素含量较高，与完全冷冻干燥脱水方式相比，耦合脱水方式可节约 63% 的脱水时间和 50% 的脱水能量。

（2）采取响应面（RSM）的方法设计了系列实验，在实验结果的基础上进行了数字模拟和方差分析，进行了响应曲面及等高线交互作用分析，计算出了最佳实验条件；根据实际操作经验将该条件修正为在 40℃、1.0 MPa 下动态提取 120 min，脂质提取率为 $81.2\%\pm0.4\%$，接近模型预测值；比较了亚临界丁烷、超临界 CO_2、普通溶剂制备南极磷虾脂质，发现亚临界丁烷脂质提取率较高，其脂质被氧化程度低、磷脂含量较高（$28.7\%\pm1.4\%$）、富含虾青素 $[(248.4\pm5.2)\ mg/kg]$，对 $V_E[(67.7\pm3.2)\ mg/kg]$ 提取有特异性。

（3）采用新工艺分离制备的南极磷虾脂质中 TAG 中主要脂肪酸为 C14:0、C16:0、C18:1、C20:1、EPA 和 DHA，其中 EPA 和 DHA 含量之和接近 30%，低于南极磷虾总脂质中 EPA 和 DHA 含量之和；TAG 中 Sn-2 脂肪酸基本面貌与 TAG 一致，但 EPA 和 DHA 含量之和达到了 44.64%，并初步判断分子种中含有较多 ω-3PUFA。

（4）采用新工艺分离制备的南极磷虾脂质中 PL 检出多种不同类别，其中以

PC 为主,不同类型 PL 上脂肪酸特征与总脂肪脂肪酸特征具有一致性,其 PL 分子种显示不同种 PL 的 Sn-1 或 Sn-2 分布较多的 ω-3PUFA(主要为 EPA 和 DHA);虾青素主要以虾青素二酯的形式存在,其连接的脂肪酸中以丰富的 EPA 和 DHA 为特征。

(5) 建立了南极磷虾干品(粉)的评价体系,量化评价了不同方式所得干品,发现耦合脱水制备的南极磷虾干品(粉)用于南极磷虾脂质的提取具有综合对比优势;同时,尝试建立了综合感官评定、基本指标、化学组成、特殊结构及危害因子等指标,以"综合分析、分类量化"为主要思想的南极磷虾脂质品质综合评价方法。

(6) 采用全新动物模型评价了新工艺分离制备的南极磷虾脂质,发现总能量摄入基本相同的情况下,高脂饮食更易导致肥胖,其中棕榈油及其极性物质易导致动物体内脂肪聚集,摄入南极磷虾脂质后对体重控制有正面效应;棕榈油及其极性物质使高脂膳食背景下实验小鼠的脂代谢和糖代谢变得紊乱,同时还对实验小鼠体内一定的组织细胞有一定的损伤,这增加了实验小鼠罹患心血管疾病及糖尿病等的风险;进一步研究发现,膳食摄入南极磷虾脂质后,调控脂质合成的上游基因 Srebp-1c 表达有所下调、调控脂质氧化分解的 PPARα 基因及其下游基因表达有所上调,这说明了南极磷虾脂质对降低实验小鼠体内脂肪积累方面有正面效应,可以降低实验小鼠罹患心血管等相关疾病风险。

6.2 展望

本书建立了南极磷虾脂质分离制备的全新工艺流程,解析了新工艺分离制备南极磷虾脂质的结构,设计了高脂及损伤模型动物,通过动物实验对南极磷虾脂质进行了生物学评价。但由于作者研究水平及实验条件的限制,将来还可以从以下几个角深入研究。

(1) 本研究实验材料为冰冻南极磷虾,旨在模拟南极磷虾捕捞后操作过程。将来可以考虑采用新鲜样品,采用本工艺脱水,验证本研究结果;另本研究的脱水系统为陆地装备,将来可以就其船载改装进行研究。

(2) 本研究在实验室规模基础上分析了亚临界丁烷分离南极磷虾脂质的影响因素及这些因素之间的关联,优化了条件。将来扩大产业规模生产时,需根据实际情况进一步优化分离制备条件。

（3）本书采用南极磷虾全脂质开展了动物评价实验，将来可以以本书构建的动物模型选用南极磷虾脂质中不同组分进行动物实验，进一步确认南极磷虾脂质各组分的生物功能。

>> 本书创新点

(1) 建立了利用混合热泵和冷冻干燥联合脱水干燥南极磷虾的方法,确定了南极磷虾联合脱水的最佳脱水水分转换点为40%,有效保证了南极磷虾长途运输和脂质的有效提取。

(2) 建立了亚临界丁烷分离制备南极磷虾脂质的方法,并确定了最佳条件为40℃,1.0 MPa,120 min,油脂提取率达到80%以上。

(3) 用本书方法所制备的南极磷虾脂质产品对高脂饮食 C57BL/6J 小鼠的脂质代谢和糖代谢的紊乱均具有一定的缓解作用。

参考文献

［1］ Hamner W M, Hamner P P, Strand S W, et al. Behavior of Antarctic Krill, *Euphausia superba*: Chemoreception, Feeding, Schooling, and Molting［J］. Science, 1983, 220 (4595): 433-435.

［2］ Appeltans W, Bouchet P, Boxshall G A, et al. World Register of Marine Species［C］// The Future of the Century Ocean: Marine Sciences and European Research Infrastructures. An International Symposium. 2011.

［3］ Nicol S, Endo Y. Krill fisheries: Development management and ecosystem implications ［J］. Aquatic Living Resources, 1999, 12 (2): 105-120.

［4］ Nicol S, Foster J, Kawaguchi S. The fishery for Antarctic krill — recent developments ［J］. Fish and Fisheries, 2012, 13(1): 30-40.

［5］ Vacchi M, Koubbi P, Ghigliotti L, et al. Sea-Ice Interactions with Polar Fish: Focus on the Antarctic Silverfish Life History［M］// Adaptation and Evolution in Marine Environments, Volume 1. Springer Berlin Heidelberg, 2012:51-73.

［6］ 林毅. 苏联捕捞南极磷虾获得成功［J］. 江西水产科技, 1980 (32): 10-14.

［7］ Tang B, Tian M, Lee Y R, et al. Optimized analytical conditions for eicosapentaenoic and docosahexaenoic acids in Antarctic krill using gas chromatography［J］. Analytical Letters, 2012, 45(13): 1885-1893.

［8］ Meyer B, Auerswald L, Spahic S, et al. Seasonal variation in body composition, metabolic activity, feeding, and growth of adult krill *Euphausia superba* in the Lazarev Sea［J］. Marine Ecology Progress, 2010, 398(3):47-51.

［9］ Kim M A, Jung H R, Lee Y B, et al. Monthly Variations in the Nutritional Composition of Antarctic Krill *Euphausia superba*［J］. Fisheries and Aquatic Sciences, 2014, 17(4): 409-419.

［10］ Cleary A C, Durbin E G, Casas M C, et al. Winter distribution and size structure of Antarctic krill *Euphausia superba* populations in-shore along the West Antarctic

Peninsula[J]. Marine Ecology Progress Series，2016，552：115-129.

[11] Tarling G A，Hill S，Peat H，et al. Growth and shrinkage in Antarctic krill *Euphausia superba* is sex-dependent[J]. Marine Ecology Progress Series，2016，547：61-78.

[12] 张海生，泮建明，程先豪，等. 南大洋氟的生物地球化学研究Ⅱ.氟在南极磷虾甲壳中的动态变异及其富集原因[J]. 南极研究，1992，4(1)：17-22.

[13] Olsen R E，Suontama J，Langmyhr E，et al. The replacement of fish meal with Antarctic krill，*Euphausia superba* in diets for Atlantic salmon，Salmo salar[J]. Aquaculture Nutrition，2006，12(4)：280-290.

[14] Chi H，Li X，Yang X. Processing status and utilization strategies of Antarctic Krill (*Euphausia superba*) in China[J]. World Journal of Fish and Marine Sciences，2013，5 (3)：275-281.

[15] Kuroda K，Kotani. Report Research Meeting on north pacific krill resources[J]. Roma，Italy，1994 (4)：7.

[16] Chen Y C，Jaczynski J. Gelation of protein recovered from whole Antarctic krill (*Euphausia superba*) by isoelectric solubilization/precipitation as affected by functional additives[J]. Journal of Agricultural and Food Chemistry，2007，55(5)：1814-1822.

[17] Bala B K，Mondol M R A. Experimental investigation on solar drying of fish using solar tunne dryer[J]. Drying Technology，2001，19(2)：427-436.

[18] Selmi S，Bouriga N，Cherif M，et al. Effects of drying process on biochemical and microbiological quality of silverside (fish) *Atherina lagunae*[J]. International Journal of Food Science and Technology，2010，45(6)：1161-1168.

[19] 段振华. 水产品干燥技术研究[J]. 食品研究与开发，2012，33(5)：213-216.

[20] Raghunath M R，Sankar T V，Ammu K，et al. Biochemical and nutritional changes in fish proteins during drying[J]. Journal of the Science of Food and Agriculture，1995，67 (2)：197-204.

[21] Icier F，Colak N，Erbay Z，et al. A comparative study on exergetic performance assessment for drying of broccoli florets in three different drying systems[J]. Drying Technology，2010，28(2)：193-204.

[22] 任爱清. 鱿鱼热泵——热风联合干燥及其干制品贮藏研究[D]. 无锡：江南大学，2009.

[23] 段续. 海参微波——冷冻联合干燥工艺与机理研究[D]. 无锡：江南大学，2009.

[24] 孙媛. 东海小黄鱼联合干燥技术优化及货架期预测[D]. 舟山：浙江海洋学院，2014.

[25] 宋杨，张国琛，王彩霞，等. 热泵与微波真空联合干燥海参的初步研究[J]. 渔业现代化，2009，36(1)：47-51.

[26] Xu Y，Zhang M，Tu D，et al. A two-stage convective air and vacuum freeze-drying technique for bamboo shoots[J]. International Journal of Food Science and Technology，2005，40(6)：589-595.

[27] Claussen I C，Ustad T S，Strommen I，et al. Atmospheric Freeze Drying-A Review[J]. Drying Technology，2007，25(6)：947-957.

[28] Medvedev F A，Artiukova O A，Manasova P A，et al. Effect of storage and handling on the fatty acid composition of the Antarctic krill *Euphausia superba* [J]. Voprosy pitaniia，1984，35(1)：71-73.

[29] 黄艳青，龚洋洋，陆建学，等. 不同加工方式的南极大磷虾粉营养品质评价[J]. 南方水产科学，2013 (6)：58-65.

[30] 刘志东，陈雪忠，黄洪亮，等. 南极磷虾粉的营养成分分析及评价[J]. 中国海洋药物，2012 (2)：43-48.

[31] 赵伟，刘建君，苏学锋，等. 南极磷虾粉制备新工艺研究[J]. 食品研究与开发，2014 (13)：65-68.

[32] 赵守涣，杨靖亚，汪之和，等. 南极磷虾煮虾和虾粉的急性毒性研究[J]. 食品工业科技，2014(8)：352-354＋358.

[33] 刘建君，赵伟，苏学锋，等. 虾粉生产方式对南极磷虾油品质的影响[J]. 渔业现代化，2014 (6)：43-46.

[34] Lu F S H，Bruheim I，Ale M T，et al. The effect of thermal treatment on the quality changes of Antartic krill meal during the manufacturing process：High processing temperatures decrease product quality [J]. European Journal of Lipid Science and Technology，2015，117(4)：411-420.

[35] 刘志东，陈勇，曲映红，等. 挤压加工对南极磷虾粉营养组分的影响[J]. 海洋渔业，2016 (3)：311-319.

[36] Huang Q，Bai Y，Hu Y. Combined electrohydrodynamic（EHD）and vacuum freeze drying of shrimp [C]// Journal of Physics Conference Series. Journal of Physics Conference Series，2013：60-70.

[37] Zhang G，Arason S，Einn S. Physical and sensory properties of heat pump dried shrimp （*Pandalus borealis*）[J]. Transactions of the Chinese Society of Agricultural Engineering，2008，24(5)：235-239.

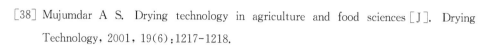

［38］ Mujumdar A S. Drying technology in agriculture and food sciences［J］. Drying Technology, 2001, 19(6):1217-1218.

［39］ Deng Y, Luo Y, Wang Y, et al. Effect of different drying methods on the myosin structure, amino acid composition, protein digestibility and volatile profile of squid fillets［J］. Food Chemistry, 2015, 171: 168-176.

［40］ Schubring R. Coparative study of DSC pattern, colour and texture of shrimps during heating［J］. Journal of Thermal Analysis and Calorimetry, 2009, 95(3): 749-757.

［41］ Nielsen N S, Lu H F S, Bruheim I, et al. Quality changes of Antarctic krill powder during long term storage［J］. European Journal of Lipid Science and Technology, 2017, 119(3): 1600085.

［42］ 刘志东, 陈雪忠, 黄洪亮, 等. 南极磷虾粉加工与贮藏技术研究进展［J］. 食品工业科技, 2016(16): 357-361.

［43］ 林丰. 南极磷虾干燥制品特性及保鲜方式的探究［D］. 上海:上海海洋大学, 2015.

［44］ Sun D, Cao C, Li B, et al. Study on combined heat pump drying with freeze-drying of Antarctic krill and its effects on the lipids［J］. Journal of Food Process Engineering, 2017: e12577.

［45］ Beaudoin A, Martin G. Method of extracting lipids from marine and aquatic animal tissues［P］. US patent 20046800299.

［46］ Sampalis T. Krill and/or marine extracts for prevention and/or treatment of cardiovascular diseases arthritis, skin cancer diabetes, premenstrual syndrome and transdermal transport［P］. US patent 20070098808.

［47］ Ali-Nehari A, Kim S B, Lee Y B, et al. Characterization of oil including astaxanthin extracted from krill (*Euphausia superba*) using supercritical carbon dioxide and organic solvent as comparative method［J］. Korean Journal of Chemical Engineering, 2012, 29 (3): 329-336.

［48］ Bruheim I, Griinari M, Tilseth S, et al. Bioeffective krill oil compositions［P］. US patent 20080274203.

［49］ Xu X, Li J, Yang Y, et al. Enzymatic extraction of Antarctic krill oil［J］. China Oils and Fats, 2015, 40(5): 5-8.

［50］ Zanqui A B, Morais D R, Da S C, et al. Subcritical extraction of flaxseed oil with n-propane: Composition and purity［J］. Food Chemistry, 2015, 188: 452-458.

［51］ Zhang M, Wan C Y, Huang F H. Subcritical extraction of oil from dehulled cold-pressed rapeseed cake[J]. China Oils and Fats, 2015, 40(5): 14-17.

[52] Liu K, Wang L, Xue C, et al. Subcritical R134a Extraction of Euphausia pacifica Oil and Analysis of Fatty Acid Composition[J]. Food Science, 2013, 34(14): 96-99.

[53] Liu P H, Shi J, Shen S J. Subcritical Fluid Extraction of Astaxanthin from Shrimp and Crab Shell Waste[J]. Fine Chemicals, 2011, 28(5):497-500.

[54] Gigliotti J C, Davenport M P, Beamer S K, et al. Extraction and characterisation of lipids from Antarctic krill (*Euphausia superba*)[J]. Food Chemistry, 2011, 125(3): 1028-1036.

[55] Grandois J L, Marchioni E, Zhao M J, et al. Investigation of natural phosphatidylcholine sources: separation and identification by liquid chromatography-electrospray ionization-tandem mass spectrometry (LC-ESI-MS^2) of molecular species [J]. Journal of Agricultural and Food Chemistry, 2009, 57(14):6014-6020.

[56] Winther B, Hoem N, Berge K, et al. Elucidation of Phosphatidylcholine Composition in Krill Oil Extracted from *Euphausia superba*[J]. Lipids, 2011, 46(1): 25-36.

[57] Monograph K O. Krill oil monograph[J]. Premenstrual Syndrome, 2010, 15(1): 84 -86.

[58] Bunea R, El F K, Deutsch L. Evaluation of the effects of Neptune Krill Oil on the clinical course of hyperlipidemia[J]. Alternative Medicine Review, 2004, 9(4): 420 -428.

[59] Di M V, Mikko G, Gianfranca C, et al. Dietary krill oil increases docosahexaenoic acid and reduces 2-arachidonoylglycerol but not N-acylethanolamine levels in the brain of obese Zucker rats[J]. International Dairy Journal, 2010, 20(4):231-235.

[60] Mikova K. Antioxidants in Food: Practical Applications[M]. In Pokorny J, Yanishlieva N, Gordon M, et al. Woodhead Publishing, Ltd., Cambridge, England, 2011: 267 -283.

[61] 刘宏超, 杨丹. 从虾壳中提取虾青素工艺及其生物活性应用研究进展[J]. 化学试剂, 2009, 31(2): 105-108.

[62] Billek G, Guhr G, Waibel J. Quality assessment of used frying fats: a comparison of four methods[J]. JAOCS, 1978, 55(10):728-733.

[63] Hudson B J F, Ghavami M. Phospholipids as antioxidant synergists for tocopherols in the autoxidation of edible oils[J]. LWT-Food Science and Technolgy, 1984, 17(4): 191-194.

[64] Haila K M, And S M L, Heinonen M I. Effects of lutein, lycopene, annatto, and γ-tocopherol on autoxidation of triglycerides[J]. Journal of Agricultural and Food Chemistry, 1996, 44(8): 2096-2100.

[65] Färber-Lorda J, Gaudy R, Mayzaud P. Elemental composition, biochemical composition and caloric value of Antarctic krill: Implications in Energetics and carbon balances[J]. Journal of Marine Systems, 2009, 78(4): 518-524.

[66] Gigliotti J C, Davenport M P, Beamer S K, et al. Extraction and characterisation of lipids from Antarctic krill (*Euphausia superba*)[J]. Food Chemistry, 2011, 125(3): 1028-1036.

[67] Ali-Nehari A, Kim S B, Lee Y B, et al. Digestive enzymes characterization of krill (Euphausia superba) residues deoiled by supercritical carbon dioxide and organic solvents [J]. Journal of Industrial and Engineering Chemistry, 2012, 18(4):1314-1319.

[68] Xie D, Jin J, Sun J, et al. Comparison of solvents for extraction of krill oil from krill meal: Lipid yield, phospholipids content, fatty acids composition and minor components [J]. Food Chemistry, 2017, 233: 434-441.

[69] Xie D, Mu H, Tang T, et al. Production of three types of krill oils from krill meal by a three-step solvent extraction procedure[J]. Food Chemistry, 2018, 248: 279-286.

[70] Yin F W, Zhou D Y, Liu Y F, et al. Extraction and Characterization of Phospholipid-Enriched Oils from Antarctic Krill (*Euphausia Superba*) with Different Solvents[J]. Journal of Aquatic Food Product Technology, 2018 (3): 1-13.

[71] Araujo P, Zhu H, Breivik J F, et al. Determination and Structural Elucidation of Triacylglycerols in Krill Oil by Chromatographic Techniques[J]. Lipids, 2014, 49(2): 163-172.

[72] Castrogomez M P, Holgado F, Rodriguezalcala L M, et al. Comprehensive Study of the Lipid Classes of Krill Oil by Fractionation and Identification of Triacylglycerols, Diacylglycerols, and Phospholipid Molecular Species by Using UPLC/QToF-MS[J]. Food Analytical Methods, 2015, 8(10): 2568-2580.

[73] Le Grandois J, Marchioni E, Zhao M, et al. Investigation of Natural Phosphatidylcholine Sources: Separation and Identification by Liquid Chromatography-Electrospray Ionization-Tandem Mass Spectrometry (LC-ESI-MS^2) of Molecular Species[J]. Journal of Agricultural and Food Chemistry, 2009, 57(14): 6014-6020.

[74] Zhao J, Wei S, Liu F, et al. Separation and characterization of acetone-soluble

phosphatidylcholine from Antarctic krill (*Euphausia superba*) oil[J]. European Food Research and Technology, 2014, 238(6): 1023-1028.

[75] 中华人民共和国国家卫生和计划生育委员会. 关于批准显齿蛇葡萄叶等3种新食品原料的公告（2013年第16号）[EB/OL]. [2014-01-06]. http://www.nhc.gov.cn/cms-search/xxgk/getManuscripXxgk.htm? id=bca788aead084936b9ef04f99ad5a2b8.

[76] 孙来娣, 高华, 刘坤, 等. 南极磷虾油关键质量指标检测及对比分析[J]. 中国油脂, 2013(12): 80-83.

[77] Lu H F S, Bruheim I, Jacobsen C. Oxidative stability and non-enzymatic browning reactions in Antarctic krill oil (*Euphausia superba*)[J]. Lipid Technology, 2014, 26 (5): 111-114.

[78] Lu F S H, Bruheim I, Jacobsen C. New parameters for evaluating the quality of commercial krill oil capsules from the aspect of lipid oxidation and non-enzymatic browning reactions[J]. European Journal of Lipid Science and Technology, 2015, 117 (8): 1214-1224.

[79] Burri L, Hoem N, Monakhova Y B, et al. Fingerprinting Krill Oil by ^{31}P, ^{1}H and ^{13}C NMR Spectroscopies[J]. Journal of the American Oil Chemists Society. 2016, 93(8): 1037-1049.

[80] Jr S N, Kuratko C N. A reexamination of krill oil bioavailability studies[J]. Lipids in Health and Disease, 2014, 13(1):137.

[81] Aune D, Keum N N, Giovannucci E, et al. Nut consumption and risk of cardiovascular disease, total cancer, all-cause and cause-specific mortality: a systematic review and dose-response meta-analysis of prospective studies[J]. BMC Medicine, 2016, 14 (1): 207.

[82] Lobraico J M, DiLello L C, Butler A D, et al. Effects of krill oil on endothelial function and other cardiovascular risk factors in participants with type 2 diabetes, a randomized controlled trial[J]. BMJ Open Diabetes Research and Care, 2015, 3(1): 107.

[83] Lee M F, Lai C S, Cheng A C, et al. Krill oil and xanthigen separately inhibit high fat diet induced obesity and hepatic triacylglycerol accumulation in mice[J]. Journal of Functional Foods, 2015, 19: 913-921.

[84] Lu C, Sun T, Li Y, et al. Modulation of the Gut Microbiota by Krill Oil in Mice Fed a High-Sugar High-Fat Diet[J]. Frontiers in Microbiology, 2017:905.

[85] Hals P A, Wang X, Xiao Y F. Effects of a purified krill oil phospholipid rich in long-

chain omega-3 fatty acids on cardiovascular disease risk factors in nonhuman primates with naturally occurring diabetes type-2 and dyslipidemia[J]. Lipids in Health and Disease, 2017, 16(1): 11.

[86] Ursoniu S, Sahebkar A, Serban M C, et al. Lipid-modifying effects of krill oil in humans: systematic review and meta-analysis of randomized controlled trials [J]. Nutrition Reviews, 2017, 75(5): 361-373.

[87] Tandy S, Chung R W, Wat E, et al. Dietary krill oil supplementation reduces hepatic steatosis, glycemia, and hypercholesterolemia in high-fat-fed mice [J]. Journal of Agricultural and Food Chemistry, 2009, 57(19): 9339-9345.

[88] Tillander V, Bjorndal B, Burri L, et al. Fish oil and krill oil supplementations differentially regulate lipid catabolic and synthetic pathways in mice [J]. Nutrition Metabolism, 2014, 11: 20.

[89] Yang G, Lee J, Lee S, et al. Krill Oil Supplementation Improves Dyslipidemia and Lowers Body Weight in Mice Fed a High-Fat Diet Through Activation of AMP-Activated Protein Kinase[J]. Journal of Medicinal Food, 2016, 19(12): 1120-1129.

[90] Bjorndal B, Vik R, Brattelid T, et al. Krill powder increases liver lipid catabolism and reduces glucose mobilization in tumor necrosis factor-alpha transgenic mice fed a high-fat diet[J]. Metabolism, 2012, 61(10): 1461-1472.

[91] Ivanova Z, Bjorndal B, Grigorova N, et al. Effect of fish and krill oil supplementation on glucose tolerance in rabbits with experimentally induced obesity [J]. European Journal Nutrition, 2015, 54(7): 1055-1067.

[92] Albert B, Derraik J, Brennan C, et al. Supplementation with a blend of krill and salmon oil is associated with increased metabolic risk in overweight men[J]. American Journal of Clinical Nutrition, 2015, 102(1): 49-57.

[93] Laidlaw M, Cockerline C, Rowe W. A randomized clinical trial to determine the efficacy of manufacturers' recommended doses of omega-3 fatty acids from different sources in facilitating cardiovascular disease risk reduction[J]. Lipids in Health Disease, 2014, 13: 99.

[94] Joob B, Wiwanitkit V. Krill oil: new nutraceuticals [J]. Journal of Coastal Life Medicine, 2015, 3(8): 669-670.

[95] Cicero A F, Colletti A. Krill oil: evidence of a new source of polyunsaturated fatty acids with high bioavailability[J]. Clinical Lipidology, 2015, 10(1): 1-4.

[96] Kwantes J M, Grundmann O. A brief review of krill oil history, research, and the commercial market[J]. Journal of dietary supplements, 2015, 12(1): 23-35.

[97] Hen X, Xu Z, Huang H. Development strategy on Antarctic krill resource utilization in China[J]. Journal of Fishery Sciences of China, 2009, 16(3): 451-458.

[98] Dunford N T, Temelli F, Leblanc E. Supercritical CO_2 extraction of oil and residual proteins from Atlantic mackerel (*Scomber scombrus*) as affected by moisture content[J]. Journal of Food Science, 1997, 62(2): 289-294.

[99] Yamaguchi K, Murakami M, Nakano H, et al. Supercritical carbon dioxide extraction of oils from Antarctic krill[J]. Journal of Agricultural and Food Chemistry, 1986, 34 (5): 904-907.

[100] Suzuki T, Shibata N. The utilization of Antarctic krill for human food[J]. Food Reviews International, 1990, 6(1): 119-147.

[101] Zhao W, Liu J, Su X, et al. Study of Antarctic krill-meal preparation technology[J]. Food Research and Development, 2014, 35: 65-68.

[102] AOCS. Phospholipids in Lecithin Concentrates by Thin-Layer Chromatography. AOCS Recommended Practice Ja 7-86, 2003.

[103] 赵玲，殷邦忠，陈岩，等. 2 种解冻方式的南极磷虾中 20 种元素含量分析[J]. 农产品加工(学刊)，2014 (5): 37-39＋44.

[104] Meiboom S, Gill, D. Modified spin-echo method for measuring nuclear relaxation times [J]. Review of Scientific Instruments, 1958, 29(8): 688-691.

[105] Chua K J, Chou S K, Yang W M. Advances in heat pump systems: A review[J]. Applied Energy, 2010, 87(12): 3611-3624.

[106] Mujumdar A S. Heat Pump Dryers: Theory, Design and Industrial Application[J]. Drying Technology, 2014, 32(13): 1640-1640.

[107] AOCS. Acid value[S]. AOCS Official Method Cd 3d-63, 1997.

[108] Shao P, Sun P L, Ying Y J. Response surface optimization of wheat germ oil yield by supercritical carbon dioxide extraction[J]. Food and Bioproducts Processing, 2008, 86 (C3): 227-231.

[109] AOCS. Preparation of methy esters of fatty acids[S]. AOCS Official Method Ce 2-66, 1997.

[110] 张亮. 不同加工工艺的菜籽油品质及其生物学评价[D]. 无锡：江南大学，2016.

[111] Rao A R, Baskaran V, Sarada R, et al. In vivo bioavailability and antioxidant activity

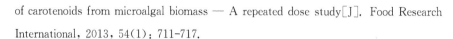

of carotenoids from microalgal biomass — A repeated dose study[J]. Food Research International, 2013, 54(1): 711-717.

[112] 李学英, 刘会省, 杨宪时, 等. 冻藏温度对南极磷虾品质变化的影响[J]. 现代食品科技, 2014(6): 191-195+196.

[113] Chi H, Li X Y, Yang X S, et al. Analysis of quality changes and shelf-life of Antarctic krill (*Euphausia superba*) at frozen temperature[J]. Journal of fisheries of China, 2012, 1: 019.

[114] 李杰. 冻藏南极磷虾品质变化及其动力学研究[D]. 上海: 上海海洋大学, 2013.

[115] 迟海, 杨峰, 杨宪时, 等. 不同解冻方式对南极磷虾品质的影响[J]. 现代食品科技, 2011(11): 1291-1295.

[116] 迟海, 李学英, 杨宪时, 等. 解冻方式和条件对南极磷虾品质的影响[J]. 食品与机械, 2011(1): 94-97.

[117] 刘会省, 迟海, 杨宪时, 等. 解冻方法对船上冻结南极磷虾品质变化的影响[J]. 食品与发酵工业, 2014(2): 51-54.

[118] 曹荣, 陈岩, 赵玉然, 等. 解冻方式对南极磷虾加工品质的影响[J]. 农业工程学报, 2015(17): 289-294.

[119] 张海生, 夏卫平, 程先豪, 等. 南大洋氟的生物地球化学研究——Ⅰ.南极磷虾富氟异常的研究[J]. 南极研究, 1991(4): 24-30.

[120] Cripps G C, Watkins J L, Hill H J, et al. Fatty acid content of Antarctic krill Euphausia superba at South Georgia related to regional populations and variations in diet[J]. Marine Ecology Progress Series, 1999, 181: 177-188.

[121] Shaarani S M, Nott K P, Hall L D. Combination of NMR and MRI quantitation of moisture and structure changes for convection cooking of fresh chicken meat[J]. Meat Science, 2006, 72(3): 398-403.

[122] Pal U S, Khan M K, Mohanty S N. Heat Pump Drying of Green Sweet Pepper[J]. Drying Technology, 2008, 26(12): 1584-1590.

[123] Liu Y H, Miao S, Wu J Y, et al. Drying and quality characteristics of *Flos Lonicerae* in modified atmosphere with heat pump system [J]. Journal of Food Process Engineering, 2014, 37(1): 37-45.

[124] Schubring R. Comparative study of DSC pattern, colour and texture of shrimps during heating[J]. Journal of Thermal Analysis and Calorimetry, 2009, 95(3): 749-757.

[125] Cen Q Q, Zhang Y P, Dai Z Y, et al. Effect of hot-air drying on fatty acid composition

of *Collichthys niveatus*[J]. Food and Fermentation Industries, 2012, 38(9): 69-72.

[126] Labuza T, Dugan L. Kinetics of lipid oxidation in foods[J]. Critical Reviews in Food Science and Nutrition, 1971, 2(3): 355-405.

[127] Tu M J, Chi H, Yang X S, et al. Influences of moisture contents on quality and shelf-life of roast Antarctic krill[J]. Marine Fisheries, 2013, 35(3): 16.

[128] Carrasco E L U, Romo C R. Influence of water activity and drying temperature on stability during the storage of carteneproteins recovered from the krill antarctic residues (*Euphausia superba*)[J]. Afinidad, 2001, 57(491): 49-53.

[129] Karmas R, Buera M P, karel M. Effect of glass transition on rates of nonenzymatic browning in food systems[J]. Journal of Agricultural Food Chemistry, 1992, 40(5): 873-879.

[130] Guizani N, Al-Saidi G S, Rahman M S, et al. State diagram of dates: glass transition, freezing curve and maximal-freeze-concentration condition [J]. Journal of Food Engineering. 2010, 99(1): 92-97.

[131] Jensen K N, JØrgensen B M, Nielsen J. Low-temperature transitions in cod and tuna determined by differential scanning calorimetry [J]. LWT-Food Science and Technology, 2003, 36(3): 369-374.

[132] Peleg M, Chinachoti P. On modeling changes in food and biosolids at and around theiw glass transition temperature range[J]. Critical Reviews in Food Science and Nutrition, 1996, 36(1-2): 49-67.

[133] Karathanos V T, Kanellopoulos N K, Belessiotis V G. Development of porous structure during air drying of agricultural plant products [J]. Journal of Food Engineering, 1996, 29(2): 167-183.

[134] Donsì G, Ferrari G, Nigro R, et al. Combination of mild dehydration and freeze-drying processes to obtain high quality dried vegetables and fruits[J]. Food and Bioproducts Processing, 1998, 76(4): 181-187.

[135] Bakker J, BridleP, KoopmanA. Strawberry juice colour: the effect of some processing variables on the stability of anthocyanis [J]. Journal of the Science of Food and Agriculture, 1992, 60: 471-476.

[136] Ali-Nehari A, Chun B S. Characterization of purified phospholipids from krill (*Euphausia superba*) residues deoiled by supercritical carbon dioxide[J]. Korean Journal of Chemical Engineering, 2012, 29(7): 918-924.

[137] Yin F W, Zhou D Y, Xi M Z, et al. Influence of storage conditions on the stability of phospholipids-rich Krill (*Euphausia superba*) oil[J]. Journal of Food Processing and Preservation, 2016, 40(6): 1247-1255.

[138] Lu F S H, Bruheim I, Haugsgjerd B O, et al. Effect of temperature towards lipid oxidation and non-enzymatic browning reactions in krill oil upon storage[J]. Food Chemistry, 2014, 157: 398-407.

[139] Dos Santos Freitas L, Oliveira J V, Dariva C, et al. Extraction of grape seed oil using compressed carbon dioxide and propane: extraction yields and characterization of free glycerol compounds[J]. Journal of agricultural and food chemistry, 2008, 56(8): 2558 -2564.

[140] 周长平. 南极磷虾油脂提取、精炼及多不饱和脂肪酸的富集研究[D]. 无锡：江南大学, 2013.

[141] 张潇予. 南极磷虾磷脂酰胆碱的提纯[D]. 济南：山东师范大学, 2012.

[142] 魏山山. 南极磷虾虾油中磷脂酰胆碱的提取、分离与分析[D]. 济南：山东师范大学, 2014.

[143] Xu B, Han J, Zhou S, et al. Quality Characteristics of Wheat Germ Oil Obtained by Innovative Subcritical Butane Experimental Equipment[J]. Journal of Food Process Engineering, 2016, 39(1): 79-87.

[144] Folch J, Lees M, Sloane-Stanley G H. A simple method for the isolation and purification of total lipids from animal tissues[J]. Journal Biology Chemistry, 1957, 226(1): 497-509.

[145] AOCS. Peroxide Value Acetic Acid-Chloroform Method[S]. AOCS Official Method, Cd 8-53, 1998.

[146] Avalli A, Contarini G. Determination of phospholipids in dairy products by SPE/HPLC/ELSD[J]. Journal of Chromatography A, 2005, 1071 (1-2): 185.

[147] Jiang X F, Jin Q Z, Wu S M, et al. Contribution of phospholipids to the formation of fishy off-odor and oxidative stability of soybean oil[J]. European Journal of Lipid Science and Technology, 2016, 118(4): 603-611.

[148] Plozza T, Trenerry V C, Caridi D. The simultaneous determination of vitamins A, E and β-carotene in bovine milk by high performance liquid chromatography-ion trap mass spectrometry (HPLC-MS)[J]. Food Chemistry, 2012, 134(1): 559-563.

[149] 祁鲲. 亚临界溶剂生物萃取技术的发展及现状[J]. 粮食与食品工业, 2012, 19(5):

5-8.

[150] 祁鲲,胡志雄,杨倩,等. 亚临界丁烷萃取食用油的安全性与特征[C]. 2014功能性油脂国际研讨会,2014.

[151] 汪学德,刘玉兰,张永泰. 油脂浸出过程中溶剂对料层渗透的研究[J]. 郑州粮食学院学报,1991 (4):75-82.

[152] 胡建华,赵国志. 油脂浸出工艺学[M]. 北京:中国商业出版社,1996.

[153] Pinelo M,Sineiro J,Núñez M J. Mass transfer during continuous solid-liquid extraction of antioxidants from grape byproducts[J]. Journal of Food Engineering,2006,77(1):57-63.

[154] Crank J. The mathematics of diffusion [M]. Oxford Science Publications,1975.

[155] Muralidhar R V,Chirumamila R R. A response surface approach for the comparison of lipase production by Canida cylindracea using two different carbon sources[J]. Biochemical Engineering Journal,2001,9(1):17-23.

[156] 邢要非,王延琴,方丹,等. 亚临界丁烷萃取棉籽油工艺及产物品质研究[J]. 中国油脂,2014(9):5-9.

[157] 刘日斌,汪学德,鞠阳,等. 亚临界丁烷萃取芝麻油工艺及其品质分析研究[J]. 中国油脂,2014(5):1-4.

[158] 马燕,张健,张谦等. 响应面法优化亚临界丁烷萃取杏仁油工艺研究[J]. 食品工业科技,2015(3):238-241.

[159] Illés V,Daood H G,Perneczki S,et al. Extraction of coriander seed oil by CO_2 and propane at super- and subcritical conditions. [J]. Journal of Supercritical Fluids,2000,17(2):177-186.

[160] Zhou S,Ackman R G. Interference of polar lipids with the alkalimetric determination of free fatty acid in fish lipids[J]. Journal of the American Oil Chemists' Society,1996,73(8):1019-1023.

[161] Fricke H,Gercken G,Schreiber W,et al. Lipid,sterol and fatty acid composition of Antarctic krill (*Euphausia superba* Dana)[J]. Lipids,1984,19(11):821-827.

[162] Yin F W,Liu X Y,Fan X R,et al. Extrusion of Antarctic krill (*Euphausia superba*) meal and its effect on oil extraction[J]. International Journal of Food Science and Technology,2015,50(3):633-639.

[163] Thomsen B R,Haugsgjerd B O,Griinari M,et al. Investigation of oxidative degradation and non-enzymatic browning reactions in krill and fish oils[J]. European

Journal of Lipid Science and Technology，2013，115(12)：1357-1366.

[164] Tou J C, Jaczynski J, Chen Y C. Krill for Human Consumption：Nutritional Value and Potential Health Benefits[J]. Nutrition Reviews，2010，65(2)：63-77.

[165] 翁婷. 超临界 CO_2 萃取南极磷虾油及虾青素工艺研究[D]. 上海：上海海洋大学，2013.

[166] 徐晓斌. 南极磷虾油制备工艺的建立及优化[D]. 济南：济南大学，2015.

[167] Gnayfeed M H, Daood H G, Illes V, et al. Supercritical CO_2 and subcritical propane extraction of pungent paprika and quantification of carotenoids, tocopherols, and capsaicinoids[J]. Journal of Agricultural and Food Chemistry，2001，49(6)：2761-2766.

[168] Nimet G, Silva E A D, Palú F, et al. Extraction of sunflower（*Heliantus annuus* L.）oil with supercritical CO_2 and subcritical propane：Experimental and modeling[J]. Chemical Engineering Journal，2011，168(1)：262-268.

[169] 万楚筠. 菜籽饼脂质的亚临界萃取特性及动力学研究[D]. 北京：中国农业科学院，2017.

[170] Giogios I, Grigorakis K, Nengas I, et al. Fatty acidcomposition andvolatile compounds of selected marine oils and meals[J]. Journal of the Science of Food and Agriculture，2009，89(1)：88-100.

[171] Van L F, Adams A, De K N. Formation of pyrazines in Maillard model systems of lysine-containing dipeptides[J]. Journal of Agricultural and Food Chemistry，2010，58(4)：2470-2478.

[172] Shahidi. 肉制品与水产品的风味[M]. 北京：中国轻工业出版社，2001.

[173] 全国粮油标准化技术委员会. 动植物油脂　氧化稳定性的测定（加速氧化测试）：GB/T 21121—2007[S]. 北京：中国标准出版社，2007：13.

[174] Luddy F E, Barford R A, Herb S F, et al. Pancreatic lipase hydrolysis of triglycerides by a semimicro technique[J]. Journal of the American Oil Chemists Society，1964，41(10)：693-696.

[175] Sun C, Wei W, Su H, et al. Evaluation of sn-2 fatty acid composition in commercial infant formulas on the Chinese market：A comparative study based on fat source and stage[J]. Food Chemistry，2018，242：29.

[176] Bracco U. Effect of triglyceride structure on fat absorption[J]. American Journal of Clinical Nutrition，1994，60(6 Suppl)：1002-1009.

［177］ Li L，Chang M，Tao G，et al. Analysis of phospholipids in *Schizochytrium* sp. S31 by using UPLC-Q-TOF-MS［J］. Analytical Methods，2016，8：763-770.

［178］ Velasco J，Andersen M L，Skibsted L H. Evaluation of oxidative stability of vegetable oils by monitoring the tendency to radical formation. A comparison of electron spin resonance spectroscopy with the Rancimat method and differential scanning calorimetry ［J］. Food Chemistry，2004，85(4)：623-632.

［179］ Jain S，Sharma M P. Review of different test methods for the evaluation of stability of biodiesel［J］. Renewable and Sustainable Energy Reviews，2010，14(7)：1937-1947.

［180］ 韩瑞丽，马健，张佳程，等. 牛乳脂肪甘油三酯中 Sn-2 位脂肪酸组成的分析［J］. 乳业科学与技术，2009，32(2)：71-73.

［181］ 冯纳，钟海雁，周波，等. 不同物种茶油脂肪酸组成及其在 Sn-2 位上的分布［J］. 食品与机械，2016(3)：20-23.

［182］ Innis S M，Dyer R，Nelson C M. Evidence that palmitic acid is absorbed as sn-2 monoacylglycerol from human milk by breast-fed infants［J］. Lipids，1994，29 (8)：541.

［183］ 周丽凤，谷克仁. 磷脂产品的常用法规、术语、指标［J］. 粮油加工，2007(12)：88-90.

［184］ 曹栋，裘爱泳，王兴国. 磷脂结构、性质、功能及研究现状［J］. 粮食与油脂，2004(5)：3-6.

［185］ 曹文静，惠欢庆，沈俊涛，等. 混合溶剂提取南极磷虾油的工艺研究［J］. 中国油脂，2013 (12)：6-9.

［186］ Xiao L，Mjøs S A，Haugsgjerd B O. Efficiencies of three common lipid extraction methods evaluated by calculating mass balances of the fatty acids［J］. Journal of Food Composition and Analysis，2012，25(2)：198-207.

［187］ Walczak J，Pomastowski P，Bocian S，et al. Determination of phospholipids in milk using a new phosphodiester stationary phase by liquid chromatography-matrix assisted desorption ionization mass spectrometry［J］. Journal of Chromatography A，2016，1432：39-48.

［188］ Jin R，Li L，Feng J，et al. Zwitterionic hydrophilic interaction solid-phase extraction and multi-dimensional mass spectrometry for shotgun lipidomic study of Hypophthalmichthys nobilis［J］. Food Chemistry，2017，216：347-354.

［189］ Shen Q，Dai Z，Huang Y W，et al. Lipidomic profiling of dried seahorses by hydrophilic interaction chromatography coupled to mass spectrometry［J］. Food

Chemistry, 2016, 205: 89-96.

[190] Zhou L, Zhao M, Ennahar S, et al. Liquid Chromatography-Tandem Mass Spectrometry for the Determination of Sphingomyelin Species from Calf Brain, Ox Liver, Egg Yolk, and Krill Oil[J]. Journal of Agricultural and Food Chemistry, 2012, 60(1): 293-298.

[191] Foss P, Renstrom B, Liaaen-Jensen S. Natural occurrence of enantiomeric and Meso astaxanthin 7 * -crustaceans including zooplankton[J]. Comparative Biochemistry and Physiology-Part B: Biochemistry and Molecular Biology, 1987, 86(2): 313-314.

[192] Takaichi S, Matsui K, Nakamura M, et al. Fatty acids of astaxanthin esters in krill determined by mild mass spectrometry[J]. Comparative Biochemistry and Physiology B-Biochemistry and Molecular Biology, 2003, 136(2): 317-322.

[193] Zhang S, Sun X, Liu D. Preparation of (3R, 3'R)-astaxanthin monoester and (3R, 3'R)-astaxanthin from Antarctic krill (*Euphausia superba* Dana)[J]. European Food Research and Technology, 2015, 240(2): 295-299.

[194] García-De B E, Mateo R, Viñuela J, et al. Identification of carotenoid pigments and their fatty acid esters in an avian integument combining HPLC-DAD and LC-MS analyses[J]. Journal of Chromatography B, 2011, 879(5-6): 341-348.

[195] Dembitsky V M, Kashin A G, Rezanka T. Comparative study of the endemic freshwater fauna of Lake Baikal-V. Phospholipid and fatty acid composition of the deep-water amphipod crustacean Acanthogammarus (Brachyuropus) grewingkii[J]. Comparative Biochemistry and Physiology B Comparative Biochemistry, 1994, 108(4): 443-448.

[196] Coral-Hinostroza G N, Bjerkeng B. Astaxanthin from the red crab langostilla (*Pleuroncodes planipes*): optical R/S isomers and fatty acid moieties of astaxanthin esters[J]. Comparative Biochemistry & Physiology Part B Biochemistry and Molecular Biology, 2002, 133(3): 437.

[197] Niamnuy C, Devahastin S, Soponronnarit S, et al. Kinetics of astaxanthin degradation and color changes of dried shrimp during storage[J]. Journal of Food Engineering, 2008, 87(4): 591-600.

[198] 张彩丽, 贺学礼. 天然生育酚的结构、生物合成和功能[J]. 生物学杂志, 2005, 22(4): 38-40.

[199] Ohkatsu Y, Kajiyama T, Arai Y. Antioxidant activities of tocopherols[J]. Polymer

Degradation and Stability, 2001, 72(2): 303-311.

[200] 丁浩宸, 李栋芳, 张燕平, 等. 南极磷虾虾仁与4种海虾虾仁挥发性风味成分对比 [J]. 食品与发酵工业, 2013 (10): 57-62.

[201] 许刚, 丁浩宸, 张燕平, 等. 南极磷虾头胸部和腹部挥发性风味成分对比[J]. 食品科学, 2014(22): 146-149.

[202] Giogios I, Grigorakis K, Nengas I, et al. Fatty acid composition and volatile compounds of selected marine oils and meals[J]. Journal of the Science of Food and Agriculture, 2009, 89(1): 88-100.

[203] Correia A C, Dubreucq E, Ferreira-Dias S, et al. Rapid quantification of polar compounds in thermo-oxidized oils by HPTLC-densitometry[J]. European Journal of Lipid Science and Technology, 2015, 117(3): 311-319.

[204] Gertz C, Aladedunye F, Matthäus B. Oxidation and structural decomposition of fats and oils at elevated temperatures [J]. European Journal of Lipid Science and Technology, 2014, 116(11): 1457-1466.

[205] Karakaya S, Simsek S. Changes in total polar compounds, peroxide value, total phenols and antioxidant activity of various oils used in deep fat frying[J]. Journal of the American Oil Chemists Society, 2011, 88(9): 1361-1366.

[206] Kanazawa K, Kanazawa E, Natake M. Uptake of secondary autoxidation products of linoleic acid by the rat[J]. Lipids, 1985, 20(7): 412-419.

[207] Kaunitz H, Slanetz C A, Johnson R E. Biological effects of the polymeric residues isolated from autoxidized fats[J]. Journal of the American Oil Chemists Society, 1956, 33: 630-634.

[208] Choe E, Min D B. Chemistry of deep-fat frying oils[J]. Journal of Food Science. 2007, 72(5): 77-86.

[209] Chuang H C, Huang C F, Chang Y C, et al. Gestational Ingestion of Oxidized Frying Oil by C57BL/6J Mice Differentially Affects the Susceptibility of the Male and Female Offspring to Diet-Induced Obesity in Adulthood[J]. Journal of Nutrition, 2013, 143 (3): 267-273.

[210] Huang C F, Lin Y S, Chiang Z C, et al. Oxidized frying oil and its polar fraction fed to pregnant mice are teratogenic and alter mRNA expressions of vitamin A metabolism genes in the liver of dams and their fetuses[J]. Journal of Nutritional Biochemistry, 2014, 25(5): 549-556.

[211] Matthäus B. Use of palm oil for frying in comparison with other high-stability oils[J]. European Journal of Lipid Science and Technology, 2007, 109(4): 400-409.

[212] Burri L, Johnsen L. Krill Products: An Overview of Animal Studies[J]. Nutrients. 2015, 7(5): 3300-3321.

[213] Li J, Cai W, Sun D, et al. A Quick Method for Determining Total Polar Compounds of Frying Oils Using Electric Conductivity[J]. Food Analytical Methods, 2016, 9(5): 1444-1450.

[214] AOCS. Determination of polar compounds in fring fats[S]. AOCS Official Method Cd 20-91, 2009.

[215] Kleiner D E, Brunt E M, Van Natta M, et al. Design and validation of a histological scoring system for nonalcoholic fatty liver disease[J]. Hepatology, 2005, 41(6): 1313 -1321.

[216] Folch J, Lees M, Sloane-Stanley G H. A simple method for the isolation and purification of total lipids from animal tissues[J]. Journal of Biological Chemistry, 1957, 226: 13.

[217] Oliveras-López M J, Berná G, Carneiro E M, et al. An extra-virgin olive oil rich in polyphenolic compounds has antioxidant effects in OF1 mice[J]. Journal of Nutrition. 2008, 138(6): 1074-1078.

[218] Munsters M J, Saris W H. Body weight regulation and obesity: dietary strategies to improve the metabolic profile[J]. Annual Review of Food Science and Technology, 2014, 5(5): 39.

[219] Elmquist J K, Bjørbæk C, Ahima R S, et al. Distributions of leptin receptor mRNA isoforms in the rat brain[J]. Journal of Comparative Neurology, 1998, 395(4): 535- 547.

[220] Dell'Italia L J, Meng Q C, Balcells E, et al. Compartmentalization of angiotensin II generation in the dog heart. Evidence for independent mechanisms in intravascular and interstitial spaces[J]. Journal of Clinical Investigation, 1997, 100(2): 253-258.

[221] Baum S J, Kris-Etherton P M, Willett W C, et al. Fatty acids in cardiovascular health and disease: a comprehensive update[J]. Journal of Clinical Lipidology, 2012, 6(3): 216-234.

[222] Miller K W, Long P H. A 91-day feeding study in rats with heated olestra/vegetable oil blends[J]. Food and Chemical Toxicology, 1990, 28(5): 307-315.

［223］ Lu Y F, Lo Y C. Effect of deep frying oil given with and without dietary cholesterol on lipid metabolism in rats[J]. Nutrition Research, 1995, 15(12): 1783-1792.

［224］ Chao P M, Huang H L, Liao C H, et al. A high oxidised frying oil content diet is less adipogenic, but induces glucose intolerance in rodents[J]. British Journal of Nutrition, 2007, 98(1): 63-71.

［225］ Ferramosca A, Conte A, Burri L, et al. A krill oil supplemented diet suppresses hepatic steatosis in high-fat fed rats[J]. PLoS One, 2012, 7(6): e38797.

［226］ 袁林, 张书文. 中医药治疗脂肪肝的临床研究进展[J]. 中国医药导报, 2008, 5(15): 25-27.

［227］ Reddy J K, Rao M S. Lipid metabolism and liver inflammation. II. Fatty liver disease and fatty acid oxidation[J]. American Journal of Physiology-Gastrointestinal and Liver Physiology, 2006, 290(5): 852-858.

［228］ Roever L, Biondi-Zoccai G, Chagas A C. Non-HDL-C vs. LDL-C in Predicting the Severity of Coronary Atherosclerosis[J]. Heart, lung and circulation, 2016, 25(10): 953-954.

［229］ Kastelein J J, van der Steeg W A, Holme I, et al. Lipids, apolipoproteins, and their ratios in relation to cardiovascular events with statin treatment[J]. Circulation, 2008, 117(23): 3002-3009.

［230］ Albert B B, Derraik J G, Brennan C M, et al. Supplementation with a blend of krill and salmon oil is associated with increased metabolic risk in overweight men[J]. American Journal of Clinical Nutrition, 2015, 102(1): 49-57.

［231］ Townsend S A, Newsome P N. Non-alcoholic fatty liver disease in 2016[J]. British Medical Bulletin, 2016, 119(1): 143.

［232］ Qi K, Fan C, Jiang J, et al. Omega-3 fatty acid containing diets decrease plasma triglyceride concentrations in mice by reducing endogenous triglyceride synthesis and enhancing the blood clearance of triglyceride-rich particles[J]. Clinical Nutrition, 2008, 27(3): 424-430.

［233］ Lee M F, Lai C S, Cheng A C, et al. Krill oil and xanthigen separately inhibit high fat diet induced obesity and hepatic triacylglycerol accumulation in mice[J]. Journal of Functional Foods. 2015, 19: 913-921.

［234］ Rossmeisl M, Medrikova D, van Schothorst E M, et al. Omega-3 phospholipids from fish suppress hepatic steatosis by integrated inhibition of biosynthetic pathways in dietary obese mice[J]. Biochim Biophys Acta, 2014, 1841(2): 267-278.

[235] Vigerust N F, Bjørndal B, Bohov P, et al. Krill oil versus fish oil in modulation of inflammation and lipid metabolism in mice transgenic for TNF-α[J]. European Journal of Nutrition, 2013, 52(4): 1315-1325.

[236] Oh D Y, Talukdar S, Bae E J, et al. GPR120 is an omega-3 fatty acid receptor mediating potent anti-inflammatory and insulin-sensitizing effects[J]. Cell, 2010, 142 (5): 687-698.

[237] Kamal-Eldin A, Appelqvist L A. The chemistry and antioxidant properties of tocopherols and tocotrienols[J]. Lipids, 1996, 31(7): 671-701.

[238] Mellouk Z, Agustina M, Ramirez M, et al. The therapeutic effects of dietary krill oil (Euphausia superba) supplementation on oxidative stress and DNA damages markers in cafeteria diet-overfed rats[J]. Ann Cardiol Angeiol, 2016, 65(3): 223-228.

[239] Sjövall P, Rossmeisl M, Hanrieder J, et al. Dietary uptake of omega-3 fatty acids in mouse tissue studied by time-of-flight secondary ion mass spectrometry (TOF-SIMS) [J]. Analytical & Bioanalytical Chemistry, 2015, 407(17): 5101-5111.

[240] Batetta B, Griinari M, Carta G, et al. Endocannabinoids May Mediate the Ability of (n-3) Fatty Acids to Reduce Ectopic Fat and Inflammatory Mediators in Obese Zucker Rats[J]. Journal of Nutrition, 2009, 139(8): 1495-1501.

[241] Wang D QH, Portincasa P, Neuschwander-Tetri B A. Steatosis in the liver[J]. Comprehensive Physiology, 2013, 3(4): 1493-1532.

[242] Storlien L H, Kraegen E W, Chisholm D J, et al. Fish oil prevents insulin resistance induced by high-fat feeding in rats[J]. Science, 1987, 237(4817): 885-888.

[243] Chiang Y F, Shaw H M, Yang M F, et al. Dietary oxidised frying oil causes oxidative damage of pancreatic islets and impairment of insulin secretion, effects associated with vitamin E deficiency[J]. The British Journal of Nutrition, 2011, 105(9): 1311-1319.

[244] Ringseis R, Eder K. Regulation of genes involved in lipid metabolism by dietary oxidized fat[J]. Molecular Nutrition and Food Research, 2011, 55(1): 109-121.

[245] Ibrahim A, Ghafoorunissa S N. Dietary trans-fatty acids alter adipocyte plasma membrane fatty acid composition and insulin sensitivity in rats[J]. Metabolism, 2005, 54: 240-246.

[246] Rector R S, Thyfault J P, Wei Y, et al. Non-alcoholic fatty liver disease and the metabolic syndrome: an update[J]. World Journal of Gastroenterology, 2008, 14: 182-

192.

[247] Liao C H, Shaw H M, Chao P M. Impairment of glucose metabolism in mice induced by dietary oxidized frying oil is different from that induced by conjugated linoleic acid [J]. Nutrition, 2008, 24(7-8): 744-752.

[248] Chiang Y F, Shaw H M, Yang M F, et al. Dietary oxidised frying oil causes oxidative damage of pancreatic islets and impairment of insulin secretion, effects associated with vitamin E deficiency[J]. British Journal of Nutrition, 2011, 105(9): 1311-1319.

[249] Tillander V, Burri L, Alexson S. Fish oil and Krill oil differentially regulate gene expression[J]. Chemistry and Physics of Lipids, 2010, 163: 31.

[250] Tenenbaum A, Fisman E Z. Balanced pan-PPAR activator bezafibrate in combination with statin: comprehensive lipids control and diabetes prevention? [J]. Cardiovascular diabetology, 2012, 11(1): 140.

[251] Marcus S L, Miyata K S, Zhang B, et al. Diverse peroxisome proliferator-activated receptors bind to the peroxisome proliferator-responsive elements of the rat hydratase/dehydrogenase and fatty acyl-CoA oxidase genes but differentially induce expression [J]. Proceedings of the National Academy of Sciences, 1993, 90(12): 5723-5727.

[252] 宋昱. 膳食能量和白藜芦醇剂量对小鼠氧化应激和脂代谢的影响[D]. 无锡: 江南大学, 2015.

[253] Li X, Yu X, Sun D, et al. Effects of Polar Compounds Generated from the Deep - Frying Process of Palm Oil on Lipid Metabolism and Glucose Tolerance in Kunming Mice[J]. Journal of Agricultural and Food Chemistry, 2017, 65(1): 208-215.

附 录

缩写符号对照表

缩略词	英文全称	中文全称
ALT	Alanine aminotransferase	谷丙转氨酶
AST	Aspartate aminotransferase	谷草转氨酶
AUC	Area under the curve	曲线下面积
AV	Acid value	酸价
FD	Freeze-drying	冷冻干燥
GC/MS	Gas chromatography-mass spectrometry	气相色谱-质谱联
H&E	Hematoxylin and eosin	苏木精-伊红
HAD	Hot air drying	热风干燥
HDL-C	High density lipoprotein-cholesterol	高密度脂蛋白胆固醇
HPD	Heat pump drying	热泵干燥
HPLC	High performance liquid chromatography	高效液相色谱
HS-SPME	Headspace solid-phase micro extraction	顶空固相微萃取
LDL-C	Low density lipoprotein-cholesterol	低密度脂蛋白胆固醇
MDA	Malondialdehyde	丙二醛
PC	Phosphatidylcholine	磷脂酰胆碱
PE	Phosphatidylethanolamine	磷脂酰乙醇胺
PI	Phosphatidylinositol	磷脂酰肌醇
PL	Phospholipid	磷脂
POV	Peroxide value	过氧化值

缩略词	英文全称	中文全称
PPARα	Peroxisome proliferator-activated recep-tor alpha	过氧化物酶体增殖物激活受体
PS	Phosphatidylserine	磷脂酰丝氨酸
V_E	Vitamin E/ Tocopherol	维生素 E/生育酚
SEM	Scanning electron microscope	扫描电子显微镜
SOD	Superoxide dismutase	超氧化物歧化酶
TAG	Triglyceride	甘油三酯
TC	Total cholesterol	总胆固醇
TG	Total triglyceride	总甘油三酯
TLC	Thin layer chromatography	薄层色谱

作者在攻读博士学位期间发表的论文

一、与博士论文相关的学术成果

1. **Sun Dewei**，Cao Chen，Li Bo，Chen Hongjian，Cao Peirang，Li Jinwei，Liu Yuanfa. Study on combined heat pump drying with freeze - drying of Antarctic krill and its effects on the lipids [J]. Journal of Food Process Engineering，2017：e12577. DOI：10.1111/jfpe.12577.（SCI，IF＝1.370，对应论文第二章）

2. **Sun Dewei**，Cao Chen，Li Bo，Chen Hongjian，Li Jinwei，Cao Peirang，Liu Yuanfa. Subcritical extraction of Antarctic krill lipids as compared to the lipids obtained by conventional solvent extraction [J]. LWT-Food Science and Technology，2018，94：1-7. DOI：10.1016/j.lwt.2018.04.024.（SCI，IF＝2.329，对应第三章）

3. **Sun Dewei**，Zhang Liang，Chen Hongjian，Feng Rong，Cao Peirang，Liu Yuanfa. Effects of Antarctic krill oil intake on the fed frying oil and its polar fraction diet C57 mice [J]. Lipids in Health and Disease，2017，16(1)：218. DOI：10.1186/s12944-017-0601-8.（SCI，IF＝2.073，对应论文第五章）

4. 孙德伟，李波，陈洪建，李进伟，曹培让，刘元法. 南极磷虾脂质亚临界提取及其磷脂分析[J]. 中国油脂，2017，(42)10：1-5.（CSCD，对应论文第四章）

5. Liu Yuanfa，**Sun Dewei**，Li Jinwei，Cao Peirang. WO2016161575（A1）Method for dehydrating Antarctic krill and extracting shrimp oil.（国际专利，对应论文第二、三章）

6. Liu Yuanfa，**Sun Dewei**，Cao Peirang，Meng Zong. Preparation and

functional evalution of Antarctic krill lipid［C］. 2018 AOCS Annual meeting ＆ Expo. Minnesota，USA.（Oral presentation，对应论文第二、三、五章）

二、其他学术成果

7. Li Jinwei，**Sun Dewei**，Qian Lige，Liu Yuanfa. Subcritical Butane Extraction of Wheat Germ Oil and Its Deacidification by Molecular Distillation ［J］. Molecules，2016，21（12）：1-10. DOI：10.3390/molecules21121675（SCI. IF＝2.861，3 区）

8. Li Xiaodan，Yu Xiaodan，**Sun Dewei**，Li Jinwei，Wang Yong，Cao Peirang，Liu Yuanfa. Effects of Polar Compounds Generated from the Deep -Frying Process of Palm Oil on Lipid Metabolism and Glucose Tolerance in Kunming Mice ［J］. Journal of Agricultural and Food Chemistry，2017，65（1）：208－215. DOI：10.1021/acs. jafc. 6b04565（SCI. IF＝3.154，1 区）

9. Li Jinwei，Cai Wenci，**Sun Dewei**，Liu Yuanfa. A Quick Method for Determining Total Polar Compounds of Frying Oils Using Electric Conductivity ［J］. Food Analytical Methods，2016，9（5）：1444－1450. DOI https://doi. org/10.1007/s12161－015－0324－2（SCI. IF＝2.038，2 区）

10. Li Bo，Chen Hongjian，**Sun Dewei**，Deng Boxin，Xu Bin，Dong Ying，Li Jinwei，Wang Fei，Liu Yuanfa. Effect of flameless catalytic infrared treatment on rancidity and bioactive compounds in wheat germ oil ［J］. Rsc Advances，2016，6（43）：37265－37273. DOI：10.1039/c5ra23335f（SCI. IF＝3.108，3 区）

11. Li Bo，Zhao Lina，Chen Hongjian，**Sun Dewei**，Deng Boxin，Li Jinwei，Liu Yuanfa，Wang Fei. Inactivation of Lipase and Lipoxygenase of Wheat Germ with Temperature-Controlled Short Wave Infrared Radiation and Its Effect on Storage Stability and Quality of Wheat Germ Oil ［J］. Plos One，2016，11（12）. DOI：10.1371/journal. pone. 0167330（SCI. IF＝2.805，

131

3 区)

12. Chen Hongjian, Cao Peirang, Li Bo, **Sun Dewei**, Wang Yong, Li Jinwei, Liu Yuanfa. Effect of water content on thermal oxidation of oleic acid investigated by combination of EPR spectroscopy and SPME-GC-MS/MS [J]. Food Chemistry, 2017, 221: 1434 - 1441. DOI: 10.1016/j. foodchem. 2016.11.008 (SCI. IF=4.529, 1 区)

13. Chen Hongjian, Cao Peirang, Li Bo, **Sun Dewei**, Li Jinwei, Liu Yuanfa. High sensitive and efficient detection of edible oils adulterated with used frying oil by electron spin resonance [J]. Food Control, 2017, 73: 540-545. DOI. org/10.1016/j. foodcont. 2016.08.050 (SCI. IF=3.496, 1 区)

后 记

在我的第一本专著即将付梓之际，出版社通知我可以写一个后记，于是便有了以下的文字。

本来我是可以偷偷懒的，因为这本学术专著是由我的博士论文改编而成，将论文"致谢"稍加调整便可以交差。但是就在前几天的某个凌晨，想到自己的第一本专著就要正式出版了，我突然又想说点什么。但兴奋之余又不知道说什么好，那就说说我的求学经历吧。

在我小的时候，我父母都是湖北省荆州市的乡村小学教师，我的小学阶段是在父母所在的学校，在父母的庇护下度过的。我从来没有觉得上学是一件难事儿，也不觉得每天有做不完的作业。那段时光的我是那样单纯和可爱，以至于现在我几乎记不起任何小学上课的情景。现在所有关于小学的记忆都源于父母的回忆，他们对我小时候的事，比我要清楚得多。也许大多数父母都是这样，记住的是自己子女的童年，而自己的童年早已经随着年龄的增长和阅历的增加而被"挤出"了大脑。

父亲告诉我，那个时候，我和弟弟几乎每天都坐着我们家那辆神奇的自行车，跟着父亲上下学。我也模糊地记得，那个时候我坐车并不老实。弟弟小，坐在前面的横梁上，后面的座位便是我的天地，我总会双脚站在后座位上，用手扶着父亲的肩膀。我上小学那个阶段，父亲还不到30岁，那时的他年轻帅气，受人尊敬，有两个可爱的儿子，我几乎可以想象得出他的幸福。

从我家到小学的校园不过几百米远，小学校园也不大，全部年级也就五个班级，每个班里不过二十几个学生。全部的老师加起来大约十来个人。我们称呼老师的方式也和现在不太一样，并不是采用"姓氏＋老师"的方式，比如张老师或李老师，而是以"名字＋老师"来称呼他们，我的父亲孙祖林便被称为"林老师"，而非像我现在这样被学生们称为"孙老师"。那个时候的我觉得这样一种称呼老

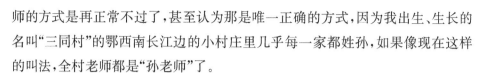

师的方式是再正常不过了,甚至认为那是唯一正确的方式,因为我出生、生长的名叫"三同村"的鄂西南长江边的小村庄里几乎每一家都姓孙,如果像现在这样的叫法,全村老师都是"孙老师"了。

教师这个职业是我认知最早的职业。在父辈那个时代,做一名人民教师无疑是一件非常体面的事情,即便是一名乡村教师也是如此。我的祖父孙光成,一名中国共产党老党员,做了近20年乡村基层干部的村主任,也是这样认为的。也因此,我父亲的人生便有了20多年作为教师的履历。

这样的代际期待很大程度影响了后辈的人生。在我父亲看来,教师和医生是他最认可的两种职业。那个年代,社会大众也都普遍尊崇这两种职业。在这种家庭和社会的影响下,最终,我和弟弟分别成为了人民教师和人民医生。

大约20年前,我20岁左右时,还是师范大学生物教育专业的大学生,那时我对未来的设想是毕业后到家乡某高中去做一名教授生物的高中教师,这也正是我父亲的期待。

大学的记忆对我来说是深刻的,至今记忆犹新。那个时候的我为毕业后能成为一名高中生物老师做着准备。不曾想,后来竟一路攻读到博士学位。大学期间,庐山植物学实习时,我们的队伍在崇山峻岭之间蜿蜒穿梭,并制作了几大捆标本;九宫山动物学实习时,我们收集的样品装满了一个个样品瓶;在武汉进行生物教学实习时,因为SARS而没有完成实习……大学时光总是那样的美好,美好的事物总是那样的短暂,在你不经意间悄悄地就溜走了。

大学毕业后,我很幸运地来到了中国科学院南京地质古生物研究所,那正是我期待已久的梦中学府。在这里,我从零开始了地质学的学习。寒来暑往,难忘常常骑着自行车到南京大学,然后坐校车到南大浦口校区和南大地质系大一新生一起聆听教授们的精彩授课,难忘在东南大学听的一场场讲座,难忘在古生物所近距离接触几位世界一流古生物学者,难忘硕导王怿研究员带我到新疆和布克赛尔挖化石的美好的珍贵经历……最终,我顺利毕业了,拿到了中国科学院理学硕士学位,当然这成为我后来博士入学的必要条件之一。

如果朝这条路走下去,我可能会成为一名古生物学学者,但是毕业后,机缘巧合下我来到了常州,在常州中华恐龙园开始了长达六年的科学普及工作。记得在中科院古生物所读研究生的时候,听的第一场学术报告是戎嘉余院士做的,他特别提到,做古生物学研究要能够坐冷板凳,要耐得住寂寞。而我却因为一次在常州召开的全国古生物大会与中华恐龙园结缘,从而选择了这里。当然,这六年是愉快的,难忘的,离开也是不舍的,那是我的第一份正式全职工作,毕竟我曾那么全身心付出过,那里有一群可爱的可敬的我的朋友们。

2013年,我终于开始了我的博士求学生涯。这是我人生的又一次启航,领航的是我最尊敬的三位师长,他们是姚卫蓉教授、王飞教授、刘元法教授。在姚教授和王飞教授的引领下我进入江南大学学习,并在刘元法教授的倾力培养下一步一步逐渐成熟起来。正是有他们的帮助和教导,我这个非科班出身的大龄博士生才能顺利毕业。我会永远感谢和铭记他们。

本专著"脱胎"于我的博士论文,这篇论文能够完成,要感谢的人有很多。值此专著付梓之际,特将博士论文"致谢"摘录于此:

"有物以来,三十亿载,人类所历,不过一瞬。推之个人,匆匆百年,造物无情,焉为我驻。区区吾辈,将唯陈迹,欲有所留,唯其梦想,今日甚幸,梦将成真。

吾荆州人氏,父母亦耕亦授。家有田亩,在九曲荆江泄洪备用之地,常植棉麦,春播秋收,吾亦亲与。幼时每每随亲摘棉,潜行于棉陇间,常欲穷尽棉田,以观其何所有。

某夕,历连绵之亩,见潺湲一流,吾又涉河,遂见大江滚滚。然心雄不已,又欲穷大江,以观世界之万千造物之神奇。

吾既成年,沿江东下,经武汉入湖北大学习生物教学之道,过南京往中国科学院南京地质古生物研究所窥生命之奇、演化之妙,至常州恐龙博物园职科普大众之业,居无锡太湖之滨梁溪河畔享合家天伦之乐!

二零零七年公历九月,吾硕士学毕,始为谋生,偶过江南大学北门,瞻"江南第一学府"牌楼,甚为仰慕,更闻食品科学为天下之冠,朝夕思往。

又历六载,天与我便,身有荣幸,竟能求学此间。彼时吾已娶妻生子,身有职属,以凡俗之负,徜徉学海,其乐融融。虽寸阴之微,亦寸心志之。嗟乎!此吾梦成真之地也。

奋忽五载,又逢学毕。临博士论文付梓之际,深荷导师王飞教授、刘元法教授之恩,昼夜不忘。忆昔日始与王师交言,感发何极;以王师之介,初逢刘师于国家工程实验室,翩翩儒雅,仰慕其风。

三生有幸,蒙刘师亲授以学。无论研究,抑或选题,至于规划,乃至方法,旁及取材、数据、撰文……虽锱铢之细,刘师皆教诲无遗。且不以我愚,授我以业,耳提面命，朝暮所得，惠我一生。

论文之撰写，得油脂中心主任王兴国教授之指点，且与华欲飞教授、张连福教授、金青哲教授、钟芳教授等多有讨教；组内曹培让教授、李进伟教授以及曹晨、蒋将、孟宗、廖红梅、杨兆琪、王远鹏、徐勇将、郑召君等师益我多多；潘秋琴、陶冠军、朱松、陈尚卫、秦昉、刘景艳、王玉川等师亦助我多多；此外，岂敢忘食品安全与质量控制中心姚卫蓉教授、钱和教授、孙秀兰教授及张根义教授之助，点滴缕缕，铭记于心。于此，致意于诸位师长。

感谢油脂及植物蛋白中心诸位同窗，寻常交流，受益良多，乃张惠君、蒋晓菲、周红茹、穆鸿雁、李晨、姚云平、苏杭、闫媛媛、吴超、李兴飞、金俊、孙聪、石龙凯、谢丹、高盼、李徐、刘利格、李蕾蕾、Duhoranimana Emmanuel 等。感谢组内李波、李晓丹、陈洪建、Farah Zaaboul、柴秀航、刘滢、叶展、李睿智、刘春环、年彬彬、李有栋等，及于晓燕、刘阳、张亮、吴楠、赵润泽、于昕琪、黄克霞、许笑男、邱美彬、方云、姜拓玉、程叶停、邓博心、孙旭媛、赵丽红、金燕、刘剑、张志鹏、仲晗实、程亚军、张蕊蕊、祁珂宇、林全全、Khalid Mohammed 等师弟妹之帮助与支持。

感谢食品科学与工程博士班 2013 级新旧故交，亲密日迩，乃陈文田、张玲、曹笑皇、杨成、高沛、汤晓娟、李竹青、杨哪、程力、彭伟、周鸿媛、艾斯卡尔·艾拉提、寇兴然、班宵逢、王旭峰、罗凯云、闫爽、孙超、战捷、胡陆军、吴学友、郑子懿、孙茂忠、田其英等，同窗之谊，深感涓涓。

谢娇妻雷艳玲，相夫持家，教子睦敦，吾得肆意于学问间，无有顾忧，皆娇妻之助也；更共育子楚雨田二子，是为吾生命之续，吾当尊刘师命竭力为之楷模。

谢父母岳父母，谢亲戚，养育之恩相助之德，拳拳志之。"

我的博士生活是多姿多彩的，虽然并不是一帆风顺的，但这些最终都化为了我永久的回忆。正是这些经历与回忆，才让我的人生如此的丰富多彩。我也相信，回忆可以让美好的时光停留，我享受着这个过程。

难忘我为了补习食品科学基础课而又一次走进大学一年级和硕士一年级的课堂，难忘钟芳教授的"胶体化学"课堂，难忘年轻的沐万孟教授讲授的"食品酶工程"，难忘我第一次翻开被奉为经典的《贝雷油脂化学》的兴奋……

难忘我第一次博士论文开题前的紧张心情，难忘汇报后老师们满意的笑容；难忘第一次见到南极磷虾实物时的兴奋，难忘第一次被南极磷虾扎伤的莫名恐惧；也难忘我将近一吨实验原料南极磷虾冰砖脱水的过程……

难忘我第一次提取油脂,难忘我用江南大学油脂中心"硅胶柱之王"花了整整一个暑假制备了足够开展动物实验的极性物质;难忘我在实验动物房对我的宝贝 C57 小鼠采用眼眶取血样的新奇……

难忘食品科学与工程国家重点实验室的各种高精尖实验设备,HPLC、GCMS……

难忘可敬的博士生导师刘元法教授主持的一场场组会,难忘从美国回来的大曹老师和从日本回来的小曹老师,难忘可亲的李进伟老师、家在上海的勇将老师、美美的召君老师……

难忘我在江南大学图书馆整理博士论文五个小时一动不动地专注;难忘被连续退稿的苦恼,也难忘打开邮件看到我的第一篇 SCI 论文被接收时的兴奋……

正是这些难忘组成了我的博士生活,当下我的博士生活已然成了过往,但是那段岁月是我人生中重要的组成部分。

在我看来,南极磷虾这小小的远在南极的精灵是那么的美;它们虽然个体小,但是数量庞大。它们是这个地球上生物量最大的单一物种。它们浑身是宝,也充满奥秘。由南极磷虾提取的脂质中磷脂占比超过了 30%,南极磷虾也由此得名。曾任清华大学生命有机磷化学与化学生物学教育部重点实验室主任、中国科学院院士赵玉芬教授以大量的试验结果和严密的理论论证证明:氨基酸和磷的化合物——磷酰化氨基酸是生命起源的种子,并提出"磷元素是生命活动调控的中心",进而在生命起源领域提出了蛋白质和核酸共同起源、进化的新学说。磷脂双分子层是我们身体的每个细胞的细胞膜的基本支架,卵磷脂是人体组织中含量最高的磷脂,是构成神经组织的重要成分,其在人体中约占体重的 1%。在大脑中,磷脂含量达到了脑重量的 30%,若以脑细胞干重计算可以占到 70%~80%。

作为生命本质的 DNA,其 9% 是由磷元素构成的。大自然选择了磷作为生命体的中心元素,原因何在?因为磷在温和条件下易发生四面体、双角锥、正八面体等结构的快速互变,并具有一定的方向性,从而导致生物体系中磷的功能的多样性及有序性。

在我还在中国科学院南京地质古生物研究所攻读古生物学与地层学硕士研究生的时候,我便知道了磷元素的特别之处。远在距今 5 亿年前的元古代末期至寒武纪初期的海洋中,磷元素便富集达到了一定的量,在近海岸和河流入海口海域,磷元素的含量呈现出了浓度由高到低的梯度分布。一些比较简单的生物如菌类、藻类和一些简单的两侧对称的生命体便利用了磷元素的特别性质,将磷元素用于基因的构建。此外,磷元素和钙元素一起也是生物体内骨骼和外骨骼的主要成分,这为后来生物的大型化奠定了物质基础。于是,我隐隐约约地觉得,含磷元素异常丰富的南极磷虾似乎与人类甚至生命的出现具有某种密不可分的联系。

南极磷虾对于人类、对于生命有非常重要的作用。在南极食物网中,仅南极大磷虾一个种就足以维持以它为饵料的鲸类、海豹和企鹅的生存与繁衍,所以说,南极磷虾是整个南极生态系统的基石。南极磷虾的捕捞和综合利用是一项具有重大战略意义的活动,其中涉及的基础科学知识、工程应用技术等是一个庞大的系统工程。本书所述仅仅是对南极磷虾相关的一些粗浅的尝试性研究,意在抛砖引玉,希望有更多的专家学者加入这个研究。限于本人水平,文中也难免存在一些内容上的不足与谬误,敬请读者敬告和指教。

衷心感谢无锡商业职业技术学院"雏鹰计划"项目对本书出版的资金支持;感谢河海大学出版社能够出版本专著,编审人员的专业和敬业给我留下了深刻的印象。最后,特别感谢我的爱人雷艳玲老师对我工作的支持和对家庭的照顾,没有你的支持,这一切都不可能发生。

孙德伟

2021 年 10 月 28 日夜于无锡寓所